AF569216

natürlich oekom!

Mit diesem Buch halten Sie ein echtes Stück Nachhaltigkeit in den Händen. Durch Ihren Kauf unterstützen Sie eine Produktion mit hohen ökologischen Ansprüchen:

- mineralölfreie Druckfarben
- Verzicht auf Plastikfolie
- Kompensation aller CO_2-Emissionen
- kurze Transportwege – in Deutschland gedruckt

Weitere Informationen unter www.natürlich-oekom.de und #natürlichoekom

Bibliografische Information der Deutschen Nationalbibliothek:
Die Deutsche Nationalbibliothek verzeichnet diese Publikation in der Deutschen Nationalbibliografie; detaillierte bibliografische Daten sind im Internet über http://dnb.d-nb.de abrufbar.

© 2023 oekom verlag, München
oekom – Gesellschaft für ökologische Kommunikation mbH,
Waltherstraße 29, 80337 München

Umschlaggestaltung: www.buero-jorge-schmidt.de

Lektorat: Laura Kohlrausch
Typografie, Layout, Satz: Ines Swoboda
Korrektur: Silvia Stammen
Druck: Grafisches Centrum Cuno GmbH & Co. KG, Calbe

Alle Rechte vorbehalten
Printed in Germany
ISBN 978-3-96238-419-7

FRAUKE FISCHER
HILKE OBERHANSBERG

WAL MACHT WETTER

Warum biologische Vielfalt unser Klima rettet

Teil I
Auf Spurensuche

Teil II
Ziemlich beste Freunde

Teil III
Die beste Krisenmanagerin

Prolog

Weise Vielfalt

Ganz bescheiden haben wir uns einst selbst den wissenschaftlichen Namen Homo sapiens gegeben: der »weise Mensch«. Dabei kommen wir mit überraschend wenig Wissen oder gar Weisheit auf die Welt und müssen im Unterschied zu allen anderen Tierarten ziemlich viel erst lernen. Schwimmen oder Lesen zum Beispiel, aber auch die Regel »Füße nicht auf den Tisch legen« oder die komplexe Argumentation, warum man auch mit 15 schon die ganze Nacht ausgehen dürfen sollte. Nichts davon können wir von Geburt an, und weil wir als ein so unbeschriebenes Blatt das Licht der Welt erblicken, ist da viel Raum für kreatives Ausprobieren.

Ein wichtiger Treiber für das Sammeln von Erfahrung und Wissen ist die Neugier. Sie kann Neues hervorbringen, ist dann hoch angesehen und wird am Ende vielleicht sogar mit einem Nobelpreis belohnt. Sie ist aber nicht immer von Vernunft getrieben. Manchmal ist der Wunsch, etwas auszuprobieren, stärker als das, was der Verstand oder weise Artgenossen raten. Und dann gehen Dinge auch mal gehörig daneben.

Ein Klassiker dieser »Neugier schlägt Vernunft«-Geschichten ist der Pandora-Mythos aus dem antiken Griechenland. Ein Stoff für Hollywood, voll von Diebstahl, Betrug und Versuchung – nur das Happy End fehlt. Pandora ist eine Dame aus Lehm, erschaffen auf Anweisung des Zeus, um sie, ausgestattet mit einer Büchse des Bösen, auf die Erde zu schicken und sich damit bei Prometheus für den Diebstahl des Feuers zu rächen. Weil auf so eine Lehmfigur keiner reinfallen würde, wird sie von den Göttern mit vielen Talenten, einer wunderbaren Sprache und Schönheit ausgestattet. Prometheus' Bruder ist entzückt und heiratet die schöne Pandora – im Gepäck ihre gefährliche Büchse, die sie den Menschen schenken soll mit der

»allerstrengsten« Anweisung, sie auf gar keinen Fall zu öffnen. Zeus brauchte keinen Bestseller der Erziehungsliteratur zu lesen, um zu wissen, dass das die ideale Einladung war, genau das Gegenteil zu tun. Es dauerte nicht lang, bis die Büchse geöffnet wurde, und so entwich alles Übel der Menschheit. Seitdem schlagen wir uns mit Mühen, Krankheit und »alternativen Fakten« herum.

Beim Klimawandel ist es ein bisschen ähnlich: Getrieben von unserer Neugier und begeistert von den enormen Kräften, die bei der Verbrennung von Kohle, Gas und Öl frei werden, haben wir die (Kohlenstoff-)Büchse geöffnet, und nun ist viel zu viel vom Kohlenstoff dort, wo er nicht hingehört – als CO_2 in unserer Atmosphäre und als Kohlensäure in den Weltmeeren. Was uns anfangs wie ein Segen vorkam, stellt sich nun als echtes Drama heraus. Sicher, wir können uns zugutehalten, dass uns am Anfang niemand gewarnt hat. Wer soll so was denn vorhersehen? Doch seit einiger Zeit schrillen die Alarmglocken und wir müssen die Büchse so schnell wie möglich wieder schließen: Schluss mit dem CO_2-Ausstoß, und irgendwie müssen wir einen Teil des bereits »entwichenen« Kohlenstoffs auch wieder einsammeln, wenn wir der Tragödie nicht ihren Lauf lassen wollen.

Aber wie sollen wir das schaffen? Und wer garantiert uns, dass uns unsere Neugier nicht in neue Fallen laufen lässt, die wir jetzt noch nicht absehen können?

Glücklicherweise sind wir nicht die einzigen »Weisen« auf diesem Planeten. Im Gegenteil: Wir haben ein Team sagenhafter Expert*innen unter uns. Ein Team, das nicht nur alle Tricks zum Binden von CO_2 kennt, sondern aus diesem »Gefahrstoff« das leckerste Essen, den besten Küstenschutz und die wertvollsten natürlichen Rohstoffe macht. Und das sein jahrmillionenaltes Wissen immer kostenlos anbietet. Sein Name? Natur!

Darum, was Natur mit Klimawandel zu tun hat, wie beides aufeinander wirkt und wie die Vielfalt der Natur, also Biodiversität, uns hilft, den Kohlenstoffhaushalt wieder in Ordnung zu bringen, geht es in diesem Buch – ganz abseits von Sagen, Mythen oder Märchen und stattdessen auf dem festen Fundament von (Neugier getriebener) Wissenschaft und Forschung.

Noch kurz vorweg ein paar Begriffe

Biodiversität

Der Begriff »Biodiversität« lässt sich mit »Vielfalt des Lebens« übersetzen und meint den Dreiklang aus 1. der Vielfalt von Arten (mein Hund gehört zu einer anderen Art als die Nachbarskatze), 2. der genetischen Vielfalt innerhalb der Arten (Frau Schmidt ist weder Frau Meier noch Herr Müller) sowie 3. der Vielfalt der Ökosysteme, in denen sie leben (ein Regenwald ist keine Wüste).

Arten

Vertreter*innen einer Art können sich miteinander paaren und fruchtbare Nachkommen zeugen. Je niedriger die Zahl an Individuen einer Art ist, desto eher besteht die Gefahr, dass die Art ausstirbt.

Genetische Vielfalt

Unabhängig von der Zahl an Individuen ist der Erhalt einer Art gefährdet, wenn die Vertreter einer Art sich genetisch nur wenig unterscheiden. Eine geringe genetische Vielfalt bedeutet zum Beispiel, dass alle Individuen ein ähnliches Immunsystem haben oder ähnlich empfindlich auf veränderte Umweltbedingungen reagieren. Treten Krankheiten, Nahrungsmangel oder extreme Witterungsbedingungen auf, die genau dieser genetischen Variante Probleme bereiten, sind alle Vertreter einer Art betroffen.

Ökosysteme

Ökosysteme beschreiben Gemeinschaften von Lebewesen unterschiedlicher Arten und die Prozesse, über die sie miteinander verbunden sind. Ökosysteme können ganz klein sein, etwa ein Baumstumpf in einem Wald, oder sehr groß, zum Beispiel der ganze Wald.

Ökosystemleistungen

Ökosysteme erbringen Leistungen, die für den Menschen überlebenswichtig sind. Hierzu zählen zum Beispiel die Erzeugung fruchtbarer Böden, das Filtern von Luft und Wasser, die Bereitstellung von Rohstoffen, der Schutz vor Erosion und Hochwasser, aber auch die Bestäubung von Nutzpflanzen, die Regulation des Klimas oder einfach die Schönheit der Natur.

TIPP

*Wer genauer verstehen will, was Biodiversität ist, was sie kann und wieso es ohne Mücken keine Schokolade gäbe, der*die kann einen Blick in unser Buch »Was hat die Mücke je für uns getan?« werfen.*

Teil I

Auf Spurensuche

Was ist eigentlich das Problem beim Klimawandel? Wieso stößt Ozeansprudel Korallen sauer auf? Und warum ist ein Kipppunkt nicht einfach nur ein lustiger Moment beim Wippen? Um die Antworten auf diese Fragen zu finden, folgen wir den Spuren der großen, menschengemachten Kohlenstoffschieberei auf der Erde. Wir tauchen ein in die Tiefe der Meere und lassen den Blick schweifen über Moore, Wälder und den Himmel über uns. Denn Kohlenstoff ist überall, nur eben nicht immer da, wo er hingehört.

KAPITEL 1

Die Büchse der Pandora – Gestörtes Gleichgewicht

Bei manchen Dingen wäre es besser, man hätte einfach mal die Finger davon gelassen. Der globale Kohlenstoff-Kreislauf gehört definitiv dazu!

Kohlenstoff ist eines der häufigsten Elemente in unserem Universum. Wir alle bestehen (unter anderem) aus Kohlenstoff, alle unsere Verwandten, Freunde, Haustiere und Zimmerpflanzen bestehen aus Kohlenstoff, unser Zuhause ist aus Kohlenstoff, wir essen jeden Tag Kohlenstoff, unsere Mobilität und Wirtschaft basieren auf Kohlenstoff. Wir brauchen Kohlenstoff also immer, überall und dringend. In Form von Kohlendioxid, also CO_2, funktioniert Kohlenstoff in der Atmosphäre allerdings auch als Treibhausgas, das Einfluss auf die globale Temperatur der Erde hat und dessen ansteigende Konzentration die Erderwärmung vorantreibt.

Entscheidend für das Leben aller Organismen auf der Erde ist, wo, wie viel und in welcher Form Kohlenstoff vorhanden ist. Um das besser zu verstehen, verschaffen wir uns erstmal einen Überblick über den globalen Kohlenstoffkreislauf.

Etwa 1,85 Milliarden Gigatonnen Kohlenstoff gibt es auf der Erde – eine Gigatonne (Gt) entspricht einer Milliarde Tonnen. Etwa 99,9 Prozent davon ist in Gesteinen und tiefen Erdschichten gebunden. Das meiste davon spielt weder für den Klimawandel noch für uns oder andere Organismen auf dem Planeten eine Rolle. Dieser Kohlenstoff ist schlicht nicht erreichbar oder jeglicher Nutzung durch seine chemische Verbindung entzogen. Der Rest verteilt sich in unterschiedlichen chemischen Verbindungen auf die Atmosphäre, Ozeane, Böden, Organismen und auf fossile Brennstoffe.

Den Austausch zwischen diesen verschiedenen »Kohlenstofflagern« bezeichnet man als globalen Kohlenstoffkreislauf. Kohlenstoff kann in diesem Kreislauf von einem Reservoir in ein anderes verschoben werden und dabei Bestandteil ganz unterschiedlicher Verbindungen werden – von Rohöl bis zu Rosen. Dabei gibt es Wege, auf denen das Verschieben schnell geht, während andere sehr langsam sind.

König der Elemente: Kohlenstoff

Kohlenstoff (im Deutschen manchmal auch nach dem englischen Wort »Carbon« genannt) kann lange Ketten, geometrische Formen und mit anderen Elementen komplexe Moleküle bilden. Von allen chemischen Elementen weist Kohlenstoff die größte Vielfalt an möglichen chemischen Verbindungen auf. Diese Eigenschaft macht Kohlenstoff zum König der Elemente.

Bei den auf der Erde vorherrschenden Temperaturen kann Kohlenstoff sich mit anderen Elementen zu längeren Ketten oder Netzen zusammensetzen, sogenannten Polymeren. Natürliche Polymere sind zum Beispiel Proteine, Zucker oder die DNA. Kohlenstoff ist in Polymeren Bestandteil aller lebenden Organismen und macht etwa 18,5 Prozent des Körpergewichts eines Menschen aus. Damit bildet er nach Sauerstoff (der in Wasser enthalten ist) den zweitgrößten Masseanteil in unserem Körper.

Reine Kohlenstoffverbindungen können schwarz und weich sein (etwa Graphit) oder durchsichtig und superhart (zum Beispiel in Form von Diamanten).

Im langsamen Kreislauf erfolgt die Verschiebung zwischen Gesteinen, Böden, Weltmeeren und Atmosphäre einerseits über chemische Verwitterung und über tektonische Prozesse, andererseits über Ablagerung und Einbettung in Sedimenten. Diese Prozesse laufen über Zeiträume von 100 bis 200 Millionen Jahren ab. Einige 100 Millionen Tonnen Kohlenstoff werden in diesem Teil des Kreislaufs jedes Jahr bewegt. Der langsame Kohlenstoffkreislauf umfasst auch den Kohlenstoff, der durch Ablagerung in Sedimenten über Jahrmillionen zu Öl, Gas und Kohle geworden ist, sowie den Kohlenstoff, der im ewigen Eis gebunden ist.

Von Kohlenstoff zu Kohlendioxid

Vorsicht: Jetzt wir's nüchtern. Alle, die sich nicht für Kohlenstoff-Mathematik interessieren, machen jetzt einfach die Augen zu …

Eine besonders interessante Verbindung, die Kohlenstoff eingehen kann, ist die Verbindung mit zwei Sauerstoffatomen zu Kohlendioxid (CO_2) – einem Treibhausgas. Wenn man wissen möchte, wie viel der Kohlenstoff in einem Molekül (oder auch einer Tonne) CO_2 wiegt, muss man ein bisschen rechnen, und zwar so: Kohlendioxid hat eine molare Masse von 44 Gramm pro Mol (ein Mol sind definitionsgemäß 602 Trilliarden Teilchen eines Stoffes), die Masse von Kohlenstoff beträgt 12 Gramm pro Mol, die von Sauerstoff 16 Gramm pro Mol. Das Massenverhältnis von CO_2 (bestehend aus einem Kohlenstoff und zwei Sauerstoffatomen) zu Kohlenstoff ist also 44:12 = 3,67. Damit enthält eine Tonne CO_2 etwa 272,5 Kilogramm Kohlenstoff (1.000 kg geteilt durch 3,67). Verbrennt man eine Tonne Kohlenstoff vollständig, entstehen 3,67 Tonnen CO_2.

Der schnelle Kohlenstoffkreislauf dagegen umfasst alle Zeiträume, die innerhalb der Lebensspanne eines Menschen liegen. Hier erfolgt der Austausch zwischen den einzelnen Reservoirs also wesentlich schneller. In diesem Teil des Kohlenstoffkreislaufs werden jährlich mehrere Gigatonnen, also mehrere Milliarden Tonnen, Kohlenstoff bewegt.

Seit Beginn des Holozäns vor mehr als 11.000 Jahren bis zum Jahr 1750 war der globale Kohlenstoffkreislauf in etwa ausgeglichen: Ungefähr genauso viel Kohlenstoff, wie durch die Atmung von Pflanzen und das Absterben und Verrotten von Vegetation an Land in die Atmosphäre entlassen wurde, wurde durch die Photosynthese von Pflanzen an Land auch wieder gebunden. Was Mensch und Tier während ihres Wachstums im Körper banden, wurde nach ihrem Tod wieder freigesetzt. Das Gleiche galt für den Kohlenstoff, der

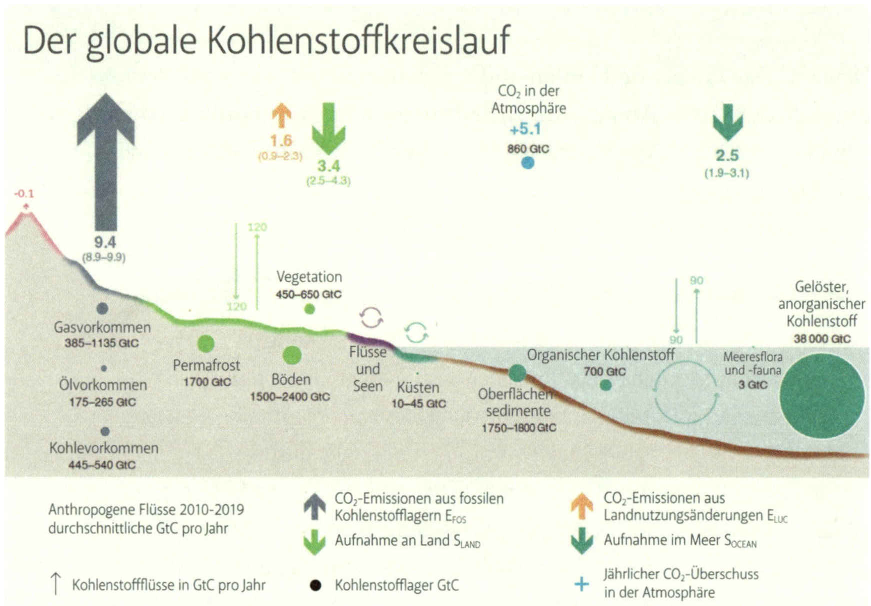

Der globale Kohlenstoffkreislauf. In der Abbildung sind alle Masseangaben in Gigatonnen Kohlenstoff aufgeführt, obwohl beim Austausch von Gasen über dem Meer, der Atmung, der Photosynthese und in der Atmosphäre als CO_2 vorliegt. Die Darstellung als Kohlenstoff erleichtert das Verständnis der Grafik – und wie man umrechnet, haben wir im Kasten auf der vorherigen Seite ja gesehen. Die absoluten Zahlen weichen durch diese Darstellung von den zum Teil vertrauteren Zahlen der öffentlichen Klimadebatte ab.

aus den oberen Meeresschichten emittiert und durch die Photosynthese von Vegetation im Meer in der gleichen Größenordnung wieder gebunden wurde. Der Rest des Kohlenstoffs steckte sicher aufbewahrt in terrestrischen Speichern, also den Böden und fossilen Lagerstätten, in denen anorganischer Kohlenstoff zum Beispiel in Kalkstein oder in Form fossiler Energieträger wie Öl vorkam, oder in den Ozeanen, in den tieferen Meeresschichten und in Sedimenten am Meeresboden.

Dieser stabilen Kohlenstoffkonzentration verdanken wir die außergewöhnlich ruhige Klimaphase des Holozäns, die ja den raschen Aufschwung menschlicher Gesellschaften an ganz unterschiedlichen Orten der Erde begründete. Dann aber begann der Mensch, die Büchse der Pandora zu öffnen …

Der Mensch mischt sich ein

Das Jahr 1750 markiert den Beginn der Industriellen Revolution und mit ihr der Einmischung des Menschen in die Kohlenstoffkreisläufe der Erde. Mit der Verbrennung von Kohle und später Öl und Gas begannen wir Menschen, den in fossilen Energieträgern tief in der Erde gebundenen Kohlenstoff aus dem langsamen Kreislauf in den schnellen Kreislauf zu bugsieren. Im Laufe von nur etwa 200 Jahren haben wir durch diese Verbrennung gigantische Mengen Kohlenstoff als CO_2 freigesetzt, die über Millionen von Jahren »sicher weggeschlossen« waren. Alleine im Jahr 2021 waren das 36,3 Gigatonnen CO_2 – der höchste jemals gemessene Wert.[1]

Treibhausgase – mehr als nur heiße Luft

Neben Wasserdampf sind die auch natürlicherweise vorkommenden Verbindungen Kohlendioxid (CO_2), Methan (CH_4), Lachgas (N_2O) und die ausschließlich menschengemachten Fluorchlorkohlenwasserstoffe (FCKWs) bedeutende Treibhausgase. Sie alle lassen die energiereiche kurzwellige Strahlung der Sonne relativ leicht passieren, reflektieren die langwellige (Wärme-)Strahlung der erhitzten Erdoberfläche dann aber nicht nur in den Weltraum, sondern in alle Richtungen, also auch wieder zurück zur Erdoberfläche.

Der natürliche Treibhausgaseffekt (durch die von intakten Ökosystemen ausgestoßenen Klimagase) machte unser Leben auf der Erde übrigens überhaupt erst möglich. Ohne ihn betrüge die mittlere Temperatur auf der Erde nämlich eisige minus 18 °C statt der jetzt im Mittel gemessenen 15 °C.

Im Vergleich zu CO_2 hat Wasserdampf ein 2- bis 3-faches Treibhauspotenzial, Methan ein 28-faches, Lachgas ein 298-faches und Fluorchlorkohlenwasserstoffe sogar ein 5.200-faches. Andere Gase sind also relativ gesehen noch gefährlicher, aber wegen der gigantischen Ausstoßmenge geht der Großteil der Erderwärmung dennoch auf die Emissionen von CO_2 zurück.

Wir haben aber nicht nur Kohlenstoff aus dem langsamen Kreislauf freigesetzt, auch in den schnellen Kreislauf greifen wir vermehrt ein. Menschliche Aktivität war zwar schon immer Teil dieses schnellen

Kreislaufs, weil Waldstücke gerodet, Feuchtgebiete trockengelegt und Holz und Torf verbrannt wurden und dadurch gespeicherter Kohlenstoff mit Sauerstoff in Kontakt kam und zu CO_2 wurde. Unsere Unterschiede zum Neandertaler oder Wikinger sind allerdings sowohl unsere Anzahl als auch unsere technische Ausrüstung, durch die wir heute viel schneller, auf viel größeren Flächen einen viel größeren Abdruck hinterlassen. Wälder und Moore sind dabei die wichtigsten Ökosysteme, die wir beeinflussen.

Noch sind die Wälder der Welt »Kohlenstoffsenken«, sie speichern also mehr, als sie freisetzen. Machen wir aber weiter mit der Rodung, dann ist immer weniger Wald da, der ungestört wachsen und CO_2 dauerhaft speichern kann, und irgendwann ist es vorbei mit dieser Kohlenstoffsenke.

Moor machen

Damit ein Moor entsteht, braucht es viel Niederschlag und eine hohe Luftfeuchtigkeit. Wasser darf nicht leicht abfließen, sondern muss sich im Boden stauen. Durch den Überschuss an Wasser sind die Böden dann sauerstoffarm, Verrottung wird gestoppt. Alles, was drin ist, wird gut konserviert. Übrigens nicht nur die Pflanzenteile, sondern auch alles andere, was reinfällt, wie Tiere oder gar die berühmten Moorleichen. Betrachtet man die Geschwindigkeit des Wachstums der Moorpflanzen (in gemäßigten Breiten meist Sphagnum-Moose, in den Tropen aber auch Gräser und verholzende Pflanzen) verläuft das viel schneller als das Verrotten abgestorbener Pflanzen. Nach und nach bildet sich so ein Torfkörper aus totem Pflanzenmaterial. Ist der dicker als 30 Zentimeter und enthält mindestens 30 Prozent organisches Material, bezeichnet man die Fläche als Moor. Obwohl Moore sehr langsam wachsen (bei uns weniger als 1 Millimeter pro Jahr), konnten Torfkörper von über 30 Metern Mächtigkeit entstehen.

Moore sind Feuchtgebiete, in denen der vollständige Abbau von totem Pflanzenmaterial durch einen ständigen Wasserüberschuss verhindert wird. Vereinfacht kann man sagen, weil in jeder Pore von Pflanzen und Boden Wasser steckt, ist kein Platz für Sauerstoff. Anstatt unter Mitwirkung von Sauerstoff komplett zersetzt zu werden, entsteht aus den abgestorbenen Pflanzen Torf. Nur wenn ein Torfkörper austrocknet, kann Sauerstoff nachrücken und die Zersetzung beginnt.

Moore kommen weltweit vor, mit einem Schwerpunkt in den nördlichen und gemäßigten Zonen der Nordhalbkugel. Fast 84 Prozent der weltweiten Moorflächen sind noch intakt. Das ist auch ganz gut so, denn Moore sind die größten Kohlenstoffspeicher an Land. Sie binden mehr Kohlenstoff als alle anderen Vegetationstypen der Erde zusammen, obwohl sie weniger als 3 Prozent der Landfläche ausmachen!

Ungestörte Moore trocknen nicht aus, solange sich das Klima nicht grundlegend ändert. Weil sie immer nass sind und man auf ihnen weder Tiere halten noch Getreide, Gemüse oder Obst anbauen kann, haben Menschen diese Ökosysteme lange als nutzlos angesehen. Dass man im Moor einsinken kann und oft Nebel über ihm wabert, hat Menschen eher Angst gemacht, als Sympathien zu wecken. Legt man Moore aber trocken, kann man nicht nur Felder anlegen und Vieh weiden lassen, sondern das abgelagerte Pflanzenmaterial auch nutzen – Torf wurde Brennmaterial, Blumenerde, aber auch Webstoff und Kosmetikgrundstoff. Genau diese Trockenlegung ist allerdings ein Eingriff in den schnellen Kohlenstoffkreislauf: Sobald Moore entwässert werden und Sauerstoff aus der Luft mit dem abgelagerten organischen Material in Verbindung kommt, beginnt dessen Verrottung (Mineralisierung) und es entsteht CO_2.

Obwohl die meisten Moore noch intakt sind, trägt die Zerstörung von Mooren schon jetzt etwa 5 Prozent zu den jährlichen CO_2-Emissionen weltweit bei, was auch ein Ausdruck ihres ausgesprochen hohen Kohlenstoffgehaltes ist. Neben CO_2 werden bei der Mineralisierung von Torf zudem auch Methan und Lachgas freigesetzt: zusammen mit Kohlendioxid das Triumvirat des Klimaschreckens.

Über die letzten 200 Jahre haben wir also große Mengen zuvor gebundenen Kohlenstoffs »außerplanmäßig« freigesetzt. Immerhin ein Viertel davon haben Vegetation und Böden an Land wieder aufgenommen. Ein knappes Drittel ist in den Weltmeeren untergekommen.

Moore bringen einzigartige Landschaften und Lebensräume hervor.

Die verbliebenen rund 50 Prozent sind in die Atmosphäre gelangt und verursachen dort den Klimawandel. Weil CO_2 – mit einem Volumenanteil an der Luft von unter 0,05 Prozent – ein Spurengas[2] ist, wird es nicht in Prozent, sondern in parts per million (ppm) gemessen. Dieser Wert ist von etwa 280 ppm in vorindustrieller Zeit auf etwa 420 ppm im Jahr 2021 angestiegen. Das Atmen dieser veränderten Luft ist für uns kein Problem. Aber der Anstieg reicht für den Klimawandel, den wir schon heute beobachten. Und der ist so dramatisch, dass einem dann doch der Atem stockt.

The sky is (not) the limit

Etwa 30 Prozent des in den letzten 200 Jahren durch menschliche Aktivitäten in die Atmosphäre emittierten CO_2 sind wie gesagt von dort in ein anderes gigantisches Puffersystem übergetreten: Unsere Weltmeere.

Mit der Aufnahme so großer Mengen CO_2 durch die Weltmeere wird der Effekt unserer Treibhausgasemission im Moment quasi maskiert. Irgendwann sind die Weltmeere aber gesättigt und werden kein weiteres CO_2 mehr aufnehmen. Wissenschaftler*innen gehen davon aus, dass wir noch etwa 50 Jahre lang auf diesen praktischen Service der Meere vertrauen können.[3] Spätestens ab dann machen die Meere dicht. Treibhausgase, die wir dann noch emittieren, wirken sich unmittelbar auf den Klimawandel aus und werden ihn dramatisch verstärken.

Auch jetzt schon ist die massive Aufnahme von CO_2 durch die Meere nicht frei von Nebenwirkungen. Dass Kohlensäure entsteht, wenn CO_2 eine Verbindung mit Wasser eingeht, führt zu einer Versauerung der Weltmeere.

Ozeansprudel

Durch den Gasaustausch an der Oberfläche der Meere tritt CO_2 in den Wasserkörper ein. Ein Teil dieses CO_2 löst sich, das heißt, es verbindet sich dort mit Wassermolekülen zu Kohlensäure. Aus »Ozeanwasser still« wird »Ozeansprudel«. Die chemische Formel dazu sieht so aus: $CO_2 + H_2O = H_2CO_3$. Die Kohlensäure löst sich in Wasser allerdings wieder auf. Durch chemische Reaktion entstehen dann Bicarbonat-Ionen (HCO_3^-) und Wasserstoffionen (H^+), die das Wasser saurer machen (siehe nächster Kasten).

Meeresoberfläche und Wasser tauschen ständig Gase aus.

In den letzten 200 Jahren ist der pH-Wert der oberen Schichten der Weltmeere um etwa 0,1 gesunken von 8,2 auf 8,1. Klingt erstmal nicht so schlimm. Stellt man das in einem anderen Zahlenformat dar, erkennt man aber, dass die Veränderung des pH-Wertes von 8,2 (entspricht $6{,}3 \times 10^{-9}$ Wasserstoffionen pro Liter) auf 8,1 (entspricht $7{,}9 \times 10^{-9}$ Wasserstoffionen pro Liter) einer Zunahme an Wasserstoffionen von 26 Prozent entspricht – und das ist wiederum ganz schön viel. Was dieses viel saurere Meer für Meeresorganismen bedeutet, erklären wir im nächsten Kapitel.

Neben diesem ganzen CO_2 puffern Meere auch noch Wärmeenergie ab. In den oberen Metern der Weltmeere ist mehr Wärme gespeichert als in der gesamten Atmosphäre. Die Meere haben so bis heute etwa 90 Prozent der Erderwärmung »abgefangen«. Während

Luft schnell warm wird oder wieder abkühlt, dauert beides bei Wasser wesentlich länger. Darum wird die globale Erwärmung zunächst selbst dann weiter bestehen, wenn wir sofort die Emission von Treibhausgasen massiv herunterdrehen würden und die Konzentration in der Atmosphäre sinken würde. Selbst wenn in der Atmosphäre weniger Wärmestrahlung durch Treibhausgase zurückreflektiert wird, werden die Weltmeere noch Jahrzehnte oder Jahrhunderte Wärme abgeben, bis alles in ein neues Gleichgewicht gefunden hat.

Sauer, aber gar nicht lustig

Der Säuregehalt einer wässrigen Lösung wird durch den pH-Wert angegeben, den Wert des »pondus Hydrogenii«, auf Deutsch »Gewicht des Wasserstoffs«. Der pH-Wert liegt irgendwo zwischen 0 und 14, wobei alles unter 7 als sauer und alles über 7 als basisch bezeichnet wird. Der Wert 7 gilt als neutral. Gemessen wird für den pH-Wert die Konzentration von Wasserstoffionen (H^+). Je höher deren Konzentration, umso saurer die Lösung. Der pH-Wert folgt einer logarithmischen Skala. Eine Änderung des Wertes um den Faktor 1 bedeutet also eine 10-fache Veränderung der Wasserstoffionenkonzentration.

Nicht zuletzt führt der Klimawandel auch zu einem Anstieg des Meeresspiegels, weil die Meere immer mehr Platz brauchen. Das kommt zum einen daher, dass steigende Temperaturen die Eisflächen der Erde zum Schmelzen bringen. Schmelzende Polkappen fließen als Wasser in die Meere und vergrößern dort die Wassermassen. Zum anderen braucht warmes Wasser einfach mehr Platz als kaltes, es dehnt sich aus, weswegen der Meeresspiegel seit 1880 stetig steigt – bereits um 21 bis 24 Zentimeter. Auch das klingt erstmal überschaubar. Allerdings beschleunigt sich dieser Trend. Allein zwischen 1993 und 2021 stieg der Meeresspiegel um 97 Millimeter an. Bei dieser Entwicklung werden nicht nur immer mehr Inseln von der Weltkarte verschwinden, auch acht der zehn größten Städte der Welt liegen so nah an der Küste, dass sie bedroht sind und bald gar nicht mehr zu halten sein werden.

Besonders vom Meeresspiegelanstieg bedroht: Inseln wie Tuvalu im Pazifik

Versauerung der Meere, Erwärmung in den Oberflächenwassern, Meeresspiegelanstieg: Alle drei Effekte sind gigantisch, schon alleine deshalb, weil unser Planet zu über 70 Prozent von Wasser bedeckt ist. Da verändern wir einen echten »Big Player« unseres Planeten.

Vor knapp 275 Jahren haben wir also die Büchse der Pandora geöffnet und schlagen uns nun mit dem »entwichenen« Kohlenstoff herum. Der ist zunehmend da, wo er nicht sein soll. Nicht nur als wärmendes Treibhausgas in der Atmosphäre, sondern auch als saure Beigabe in den Weltmeeren. Egal, wie schnell es uns gelingt, die Büchse der Pandora wieder zu schließen: Wir werden uns über einen langen Zeitraum mit dem bereits angestoßenen Klimawandel beschäftigen müssen. Darum fangen wir in den nächsten Kapiteln gleich damit an …

Bitte nicht stehen bleiben

Das Abschmelzen der Polkappen hat übrigens noch einen anderen, ebenfalls beängstigenden Effekt: Süßwasser aus dem immer schneller abschmelzenden Eisschild Grönlands verlangsamt den Golfstrom. Der Golfstrom ist aber für die Stabilisierung unseres Klimas wichtig, und zwar in der Form, wie er gerade jetzt »arbeitet«.

KAPITEL 2

Klima, Wetter, Wandel – Was soll das denn heißen?

Der Klimawandel ist in aller Munde. Aber was ist das überhaupt, das Klima? Wie kann es sich wandeln? Und was hat das mit dem Wetter zu tun? Ist ein ungewöhnlich warmer Novembertag noch Wetter oder schon Klimakrise? Werfen wir einen Blick auf die Grundlagen.

Klima beschreibt den Zustand verschiedener meteorologischer Parameter in einem bestimmten Gebiet über einen längeren Zeitraum hinweg – zum Beispiel Lufttemperatur, Luftdruck, Windrichtung und Windstärke, Bewölkung oder Niederschlag. Der beobachtete Zeitraum sollte laut der Weltorganisation für Meteorologie (WMO – World Meteorological Organization) mindestens 30 Jahren umfassen. Das Klima beschreibt also ein, wiederkehrendes Muster über die längere Zeit.

Wetter beschreibt dieselben meteorologischen Parameter, aber in Bezug auf einen Zeitraum von wenigen Stunden oder Tagen. Deswegen sagen wir nicht »Hoffentlich haben wir am Wochenende schönes Klima«, sondern hoffen auf gutes Wetter am Sonntag.

Klima ist also der längerfristige Trend, Wetter das, was wir Tag für Tag aus dem Fenster sehen. Aus dieser zeitlichen Unterscheidung erwächst auch die häufige Diskussion darüber, ob einzelne, ungewöhnliche Wetterereignisse wie ein warmer Novembertag oder eine Überflutung auf den Klimawandel zurückzuführen seien oder nicht. Ganz klar: Nein, ein einzelnes Ereignis lässt sich nicht zu 100 Prozent dem Klimawandel zuordnen. Nur die Häufung über einen langen Zeitraum oder der Trend in eine Richtung (immer mehr warme Novembertage in den letzten Jahrzehnten) lassen diese Schlüsse zu.

Klimawandel beschreibt dementsprechend eine langfristig beobachtbare Veränderung der meteorologischen Parameter in eine bestimmte Richtung. Diese Parameter werden in starkem Maße vom Treibhauseffekt beeinflusst: Die in unsere Atmosphäre eindringende Sonnenstrahlung passiert die verschiedenen Treibhausgasmoleküle nahezu ungehindert in Richtung Erde und erwärmt die Oberfläche. Die Wärme wird nicht vollständig von der Erde absorbiert, sondern teilweise als Wärmestrahlung reflektiert. Anders als die kurzwellige Sonnenstrahlung wird langwellige Wärmestrahlung aber von den Molekülen in der Atmosphäre absorbiert, was diese in einen energetisch angeregten Zustand überführt. Nach kurzer Zeit kehren die Moleküle in ihren Ursprungszustand zurück, geben dabei ihrerseits infrarote Wärmestrahlung ab. Diese wir in alle Richtungen emittiert. Manche bis ins Weltall, andere erneut in Richtung Erde.

Wenn sich die Menge der Moleküle erhöht, die den von der Erde reflektierten Sonnenstrahlen auf ihrem Weg zurück ins Weltall im Wege stehen, die Thermodecke also quasi immer dicker wird, dann bleibt darunter mehr Energie, die in Wärme umgewandelt wird. Und genau das ist passiert, seit wir mehr Treibhausgase (vornehmlich CO_2) in die Atmosphäre geleitet haben: es wurde immer wärmer, der Klimawandel startete.

Da tut sich nix ...

Die Temperaturen steigen im Klimawandel aber nicht schön gleichmäßig überall auf der Erde von morgens bis abends exakt um das gleiche Grad Celsius. Das meteorologische System aus Winden, Temperaturen, Feuchtigkeit und so weiter ist hochkomplex und voll von Rückkopplungen, sodass die Veränderung einer Komponente sehr weitreichende Effekte auf alle anderen haben kann. In Fachkreisen spricht man daher auch von einem »Klimasystem«. Und weil dieses System so komplex ist, führt der Klimawandel nicht nur zu regional und zeitlich sehr unterschiedlichen Temperatursteigerungen, sondern auch zu jeder Menge anderer Veränderungen, die nicht unbedingt erfreulich sind.

Kalte Füße, heißer Kopf

Nicht alle Regionen der Erde erwärmen sich im Zuge des Klimawandels gleichmäßig. Bevor man konkrete Aussagen treffen kann, braucht man natürlich einen Vergleichswert. Bei Angaben zu den sogenannten globalen Temperaturanomalien (also der Abweichung vom langjährigen Mittel weltweit) dient der Mittelwert der Jahre 1850 bis 1900 als Basis. Im Mittel der Jahre 2013 bis 2022 war es im Vergleich zu diesem Referenzzeitraum 1,14 Grad wärmer. Die Erwärmung der Ozeane betrug dabei nur 0,65 Grad, weil Wasser sich langsamer erwärmt als Luft. Dagegen haben sich die Arktis (3,3 Grad) und die Antarktis (4,8 Grad) schon überdurchschnittlich stark erwärmt, weil immer weniger weißes Eis auch bedeutet, dass die nun eisfreien dunklen Bereiche immer mehr Wärme absorbieren. Weil man für diese Regionen alte Messwerte gar nicht hat, dient als Referenz der Zeitraum 1979 bis 2000. In diesem Zeitraum hatte der Klimawandel allerdings bereits eingesetzt. Wir müssen also annehmen, dass die Erwärmung dort im Vergleich zu vor über 100 Jahren vermutlich sogar noch dramatischer ist.

Wir haben es alle einmal gelernt, aber machen wir vorsichtshalber eine kleine Rückblende in die siebte Klasse, Erdkundeunterricht: Unser Wetter wird maßgeblich von Hoch- und Tiefdruckgebieten bestimmt, sowohl über der Nord- als auch der Südhalbkugel. In einem Tiefdruckgebiet steigen warme Luftmassen nach oben, der Luftdruck ist niedrig. Auf dem Weg nach oben kühlt die Luft ab und die Feuchtigkeit in der Luft kondensiert zu Wolken. In einem Hochdruckgebiet dagegen sinken kühle Luftmassen ab, der Luftdruck ist also hoch. In der sich dabei aufwärmenden Luft findet keine Kondensation und damit keine Wolkenbildung statt. Darum ist ein Hochdruckgebiet in der Regel mit schönem Wetter verbunden.

Diese Luftdruckgebiete werden durch Höhenwinde, sogenannte Jetstreams, in Wellen über die nördliche beziehungsweise südliche Erdhalbkugel bewegt und sorgen bei uns für den Wetterwechsel. Normalerweise. Studien, unter anderem vom Potsdamer Institut für Klimafolgenforschung, zeigen inzwischen, was uns auch in den Wetterberichten immer häufiger erklärt wird: Wir erleben ungewöhnlich stabile Wetterlagen, das heißt, Luftdruckgebiete bewegen sich nicht mit

Kondensierende Luftmassen – hier braut sich etwas zusammen.

der gewohnten Geschwindigkeit über uns hinweg, sondern verweilen immer häufiger tagelang an der mehr oder weniger gleichen Stelle. Woran das liegt, ist noch nicht endgültig geklärt. Eine Theorie geht davon aus, dass der an den Polkappen besonders starke Temperaturanstieg der letzten Jahrzehnte zu einer geringeren Temperaturdifferenz zwischen Pol und Äquator führt und sich dadurch der Antrieb der Jetstreams abschwächt. Diese These ist allerdings nicht unumstritten, wir lassen den Grund für stabilere Wetterlagen hier also lieber offen und halten nur fest, dass sich da oben weniger tut.

In der Folge dieser Verlangsamung werden Hitzeperioden länger und Regenphasen anhaltender. Zudem kann warme Luft mehr Feuchtigkeit aufnehmen als kalte, daher nehmen wärmere Tiefdruckgebiete, die zudem langsamer über das Meer ziehen, mehr Wasser auf, was über Land dann zu höheren Regenmengen führt. Insgesamt sind es also nicht unbedingt die durchschnittlichen 1 oder 2 Grad Celsius mehr, die uns Probleme machen, sondern das häufigere Auftreten von Extremwetterereignissen. Wenn es heiß wird, dann tagelang, und wenn es regnet, dann so stark, dass Flussbetten, die Kanalisation und unsere Dämme diese Massen nicht halten können. Düren einerseits und Überschwemmungen und Fluten andererseits sind die Folge.

… und hier geht's rund

Tiefdruckgebiete sind ganz normale Phänomene, die aber unter speziellen Bedingungen extremes Wetter hervorbringen können: Wirbelstürme. Wenn warme Luft in Tiefdruckgebieten über dem Meer aufsteigt, zieht sie von der Seite Luft nach, Wind entsteht. Durch die Rotation der Erde und die damit verbundene Corioliskraft gerät dieser Luftstrom in eine Drehung. Je höher die Meerestemperaturen (also insbesondere in Sommermonaten und Äquatornähe), desto mehr Wasserdampf und damit Energie nimmt das Tiefdruckgebiet auf. Die Luft strömt dann immer schneller, der Wind wird zum Sturm, zum Wirbelsturm, der ab ungefähr 120 km/h Windgeschwindigkeit im Nordwestpazifik Taifun, im Atlantik und Nordostpazifik Hurrikan genannt wird. Auch wenn sich mit steigenden Temperaturen nicht unbedingt mehr Tiefdruckgebiete entwickeln, so kann man doch davon ausgehen, dass diejenigen Tiefdruckgebiete, die entstehen, mehr Energie aufnehmen als bei niedrigeren Temperaturen und es damit häufiger zu starken Stürmen kommt, die in die Kategorie Taifun oder Hurrikan fallen. Es regnet also nicht nur stärker, der Regen kommt auch mit heftigen Wirbelstürmen – keine schönen Aussichten.

Ein Wirbelsturm aus dem All betrachtet

KAPITEL 3

Jetzt wird's heiß – Was der Klimawandel für die Biodiversität bedeutet

Der Klimawandel hat es als Thema in die Nachrichten, die Kabinettssitzungen von Regierungen und die Meetings in den Vorstandsetagen von Unternehmen geschafft. Höchste Zeit, schließlich bekommen wir ihn auch im Alltag zunehmend zu spüren: Immer mehr Menschen werden von Dürren und Hitzewellen geplagt, während andere Menschen (oder gar dieselben, nur zu einer anderen Zeit) Überschwemmungen, Stürme oder Starkregen aushalten müssen.

Wir sind aber nicht die einzige Art, der der Klimawandel zu schaffen macht und machen wird – über kurz oder lang werden ihn alle Tiere und Pflanzen ebenso zu spüren bekommen, manche leiden längst viel stärker unter den Veränderungen als wir.

Der Einfluss, den ein sich änderndes Weltklima auf biochemische Prozesse, Tier- und Pflanzenarten, Populationen und die Funktion von Ökosystemen hat, kann in winzigen Einheiten, wie etwa einer Zelle, oder global, etwa beim weltweiten Vogelzug, sichtbar werden. Er kann ein schleichender Trend, ein plötzliches Extremwetterereignis oder gar ein Kipppunkt im Erdsystem sein, der das Antlitz der Erde für immer verändert. Der Klimawandel kann sich auf das Wachstum, die Körpergröße, die (Un-)Verträglichkeit von Nahrungsmitteln, das Wanderungsverhalten, die Brutmöglichkeiten und viele andere kleine und große Dinge auswirken. Ein paar dieser teilweise sehr skurrilen Effekte wollen wir uns genauer ansehen.

Nicht immer alles im grünen Bereich

Fangen wir mal ganz klein und ganz wichtig an: Mit der Photosynthese, also dem Prozess, bei dem Pflanzen, Algen oder Bakterien aus anorganischen Stoffen mithilfe von Sonnenlicht organische Moleküle machen.

Zuckerbäckerei

Photosynthese ist der Prozess, bei dem die Strahlungsenergie des Sonnenlichtes, das der Pflanzenfarbstoff Chlorophyll absorbiert, zur Umwandlung von Wasser und Kohlenstoffdioxid in Sauerstoff und Glucose genutzt wird. Aus sechs Molekülen H_2O und sechs Molekülen CO_2 werden unter Zuhilfenahme von Lichtenergie sechs Moleküle Sauerstoff und ein Molekül Zucker – oder anders gesagt ein Kohlenhydrat.

Das klingt recht lapidar, ist aber das Geheimnis und die Quintessenz des Lebens. Ohne Übertreibung kann man sagen, dass dieser Prozess der wichtigste biochemische Prozess auf der Erde ist. Nur weil wir auf unserem Planeten sogenannte Primärproduzenten haben, die durch Photosynthese aus anorganischen Stoffen organische machen können, kann es solche Konsumenten wie uns und alle anderen Tierarten überhaupt geben, genauso wie alle Destruenten, also Bakterien und Pilze, die organisches Material wieder abbauen. Photosynthese liefert uns Nahrung, Baumaterial und Luft zum Atmen. Jede (grüne) Pflanze, aber kein Mensch und kein Tier, kann sie durchführen.

Oder doch? Tatsächlich gibt es erste Versuche künstlicher Photosynthese. Natürliche Photosynthese hat einen sehr geringen Wirkungsgrad: Nur etwa ein Prozent der einstrahlenden Lichtenergie wird dabei genutzt. Das liegt unter anderem daran, dass Chlorophyll nur die roten und blauen Lichtanteile nutzt. Einen Bedarf nach höherer Effizienz gab es nie, weil Sonnenenergie immer im Überfluss vorhanden ist. Aber wäre es nicht toll, wir könnten diesen Prozess im Labor nachbauen und seinen Wirkungsgrad erhöhen? Alle bisherigen technischen Versuche hatten allerdings einen noch geringeren Wirkungsgrad oder mussten als Ersatzstoff für Chlorophyll sehr teure und seltene Materialien wie Gold verwenden. So etwas Großartiges wie ein Stück Zedernholz, eine Erdbeere oder eine Passionsblume kamen dabei auch nicht raus. Trotzdem wird daran weitergeforscht. Nicht, um Holz, Obst oder Blüten zu produzieren, sondern um der Atmosphäre CO_2 zu entziehen beziehungsweise um Wasserstoff, der in Zwischenschritten der Photosynthese anfällt, für die Energienutzung zu gewinnen.

Bestimmte Prozesse innerhalb der Photosynthese sind abhängig von Enzymen, also komplexen Eiweißmolekülen, die bestimmte Stoffwechselaufgaben übernehmen. Diese Enzyme arbeiten bei den meisten Primärproduzenten am besten in einem Bereich von 10 bis 35 Grad Celsius. Ober- und unterhalb dieses Temperaturoptimums nimmt die Leistung der Enzyme sehr rasch ab. Je wärmer unsere Erde wird, umso mehr Pflanzen leben zeitweise oder gar dauerhaft in einem Temperaturbereich, in dem ihre Enzyme, und damit auch die Photosynthese, nicht mehr gut funktionieren. Gerade Arten, die bereits in extrem heißen Gebieten leben, werden so über das erträgliche Maß hinaus einem Temperaturstress ausgesetzt, wachsen weniger oder sterben womöglich ab. Dasselbe geschieht mit Arten, die auf das Leben in sehr kühlen Regionen spezialisiert sind und dementsprechend Enzyme mitbringen, die in einem niedrigeren Bereich optimal arbeiten. Werden deren Lebensräume dauerhaft zu warm und können sie nicht in kühlere Lebensräume abwandern, wird es schwer mit der Photosynthese.

Zur abnehmenden Photosynthese-Tätigkeit kommt noch eine beunruhigende Angelegenheit hinzu: Pflanzen betreiben nicht nur Photosynthese, sie atmen auch. Dabei stoßen sie CO_2 aus, genau wie wir. Zahlreiche Studien belegen nun, dass bei höheren Temperaturen die Photosynthese-Tätigkeit vieler Pflanzen aufhört, ihre Atmung aber erstmal ganz normal weiterläuft. Aus CO_2-Bindern werden so zeitweise CO_2-Emittenten.

Wenn immer mehr CO_2 in der Atmosphäre ist, sollte das für Pflanzen aber doch erstmal förderlich sein, immerhin ist das für sie ja eine Art Dünger, oder? Wenn die Temperaturen nicht zu hoch sind, führt ein höherer Gehalt von CO_2 in der Luft tatsächlich zu einer verstärkten Photosynthese. Nach einer Studie der Universität Berkeley[1] haben Pflanzen weltweit zwischen 1982 und 2020 ihre Photosynthese-Aktivität deswegen um 12 Prozent gesteigert. Leider nahm die CO_2-Konzentration in der Atmosphäre im gleichen Zeitraum so stark zu, dass die gesteigerte Photosynthese-Rate die Zunahme an klimaschädlichen Gasen nicht kompensieren konnte. Ohnehin wird viel von diesem durch Pflanzen zusätzlich gespeicherten CO_2 nach kurzer Zeit wieder durch Atmung, Verwesung, Verdauung oder beim Abbrennen der Vegetation in die Atmosphäre entlassen, das ist also keine Dauerlösung. Zumal sich die Photosynthese-Rate vermutlich nicht unendlich weiter steigern lässt – selbst bei optimalen Bedingungen könnten Pflanzen den CO_2-Anstieg also nicht komplett auffangen.

Ganz schön dünnhäutig: Biokrusten

Etwa 12 Prozent der Landfläche unserer Erde sind von sogenannten Biokrusten bedeckt. Diese »lebende Haut der Erde« bezeichnet Lebensgemeinschaften aus Moosen, Flechten und Cyanobakterien, die direkt auf dem Gestein oder Böden in sehr unwirtlichen Gegenden wie Wüsten oder Polarregionen leben. Mit ihnen beginnt der Weg von »ödem Sand« zu fruchtbaren Böden, weil sie nicht nur Nährstoffe aus der Luft einfangen und Wasser festhalten, sondern auch als »Staubfänger« für andere Stoffpartikel dienen. Erst seit etwa 20 Jahren werden sie intensiver erforscht. Alleine aufgrund ihrer großen Verbreitung und Photosynthese-Aktivität spielen sie eine große Rolle in der CO_2- und Stickstoffbindung. Diese dünne Haut der Erde ist extrem empfindlich gegen mechanische Störungen, aber auch gegenüber Temperaturveränderung. Die Klimaerwärmung in Spanien beispielsweise hat in den entsprechenden Untersuchungsgebieten Biokrusten um 85 Prozent schrumpfen lassen. Weil Biokrusten wichtig für die Bindung von Treibhausgasen und den lokalen Wasserhaushalt sind und sie einen Lebensraum für viele andere Organismen darstellen, besorgt diese Entwicklung Expert*innen sehr.

Ein weiteres Problem ist, dass Pflanzen nicht nur CO_2 zum Wachsen brauchen, sondern auch Stickstoff, um für das Wachstum nötige Eiweiße (Proteine) zu bilden. Bekommt eine Pflanze CO_2 im Übermaß, sinkt ihre Fähigkeit, Stickstoff zu binden. Und sie kommt auch zunehmend schwieriger an den Stoff heran: Stickstoff ist zwar das häufigste Element auf der Erde und macht sogar etwa 78 Volumenprozent unserer Atemluft aus, aber Pflanzen können Stickstoff nicht direkt aus der Luft nutzen. Für sie muss er von Mikroorganismen im Boden oder, im Fall von Hülsenfrüchtlern wie Erbsen oder Bohnen, von Knöllchenbakterien an ihren Wurzeln fixiert werden. Diese stickstofffixierenden Bakterien arbeiten wiederum am besten bei Temperaturen um 25 Grad. Steigt die Temperatur, sinkt die Fähigkeit, Stickstoff zu binden. Trotz hohem CO_2-Gehalt wachsen Pflanzen also nicht besser, weil sie nicht genug Stickstoff binden können. Je wärmer es wird, umso weniger Stickstoff ist verfügbar, umso schlechter wachsen Pflanzen, umso weniger CO_2 können sie aufnehmen, umso rascher steigt die Treibhausgaskonzentration in der Atmosphäre an, umso wärmer wird es und so weiter und so weiter ...

Irgendeinen guten Nebeneffekt müssen die höheren Temperaturen durch den Klimawandel doch aber auch haben. Sie verlängern ja zum Beispiel die Vegetationsperioden in kühleren und gemäßigten Breiten – künftig kann man vielleicht bis in den November hinein noch Tomaten ernten, ganz ohne Gewächshaus. Liegt darin nicht eine große Chance, Ernteausfälle in einer Region durch Erntesteigerung an anderen Orten auszugleichen? Leider gibt es auch da ein »Ja, aber«: Längere Wachstumsphasen bedeuten auch, dass Pflanzen dem Boden mehr Wasser entziehen. Das wiederum verstärkt die Auswirkungen des Klimawandels weiter, weil so weniger Wasser über Böden in Bäche, Flüsse oder das Grundwasser gelangt.

Überhaupt ist die Wasserversorgung für Pflanzen ein Riesenthema. Durch den Klimawandel wird es bei uns in Mitteleuropa eher trockener und wärmer. Langlebige Bäume wie Buchen, deren Lebenserwartung etwa 300 Jahre beträgt, haben damit zunehmend ein Problem. Sie können weder rasch ausweichen wie manche Tiere noch Dauer-

Diese Pracht braucht Wasser.

stadien bilden (ein Zustand, in dem quasi alle Stoffwechselprozesse zum Erliegen kommen, der Organismus aber nicht abstirbt und in dem ein Lebewesen über Jahre oder Jahrzehnte dennoch überleben kann), wie manche nicht verholzende Pflanzen. Eine aktuelle Studie[2] zeigt, dass Buchen über ihr gesamtes mitteleuropäisches Verbreitungsgebiet immer schlechter wachsen. Forscher*innen prognostizieren, dass ihr Wachstum klimabedingt bis 2090 um weitere 20 bis 50 Prozent zurückgehen wird. Damit einher geht weniger CO_2-Bindung, weniger Holzproduktion, weniger Schatten durch große Bäume – und was Buchen sonst noch alles so für uns leisten.

Ein Rückgang der Buchenwälder wäre übrigens schon deswegen ein trauriger Verlust, weil fünf der alten Buchenwälder in Deutschland mit einer Gesamtfläche von fast 4.400 Hektar sogar Teil des Weltnaturerbes der Menschheit sind.

Wissenschaftler*innen der Washington University[3] haben eine weitere Auswirkung des Klimawandels auf Pflanzen entdeckt: Mit steigendem CO_2-Gehalt der Luft erzeugen Vertreter vieler Pflanzenarten dickere, dafür aber weniger Blätter. Warum sie das machen, ist den Forscher*innen bislang völlig unklar. Was aber schon klar ist, ist, dass die Fähigkeit dieser Pflanzen, Kohlenstoff zu binden, damit abnimmt. Wenige dickere Blätter bedeuten weniger Blattoberfläche, die aber für eine effiziente Photosynthese wichtig ist. Insgesamt summiert sich dieser Effekt bereits jetzt weltweit auf 6,39 Milliarden Tonnen weniger Kohlenstoffbindung pro Jahr! Das sind mehr als zwei Drittel der gut 9 Milliarden Tonnen Kohlenstoff, die wir durch das Verbrennen fossiler Energieträger jährlich in die Atmosphäre pusten.

Während dieses Phänomen bei Pflanzen weltweit zu beobachten ist, gibt es auch Auswirkungen des Klimawandels, die nur in bestimmten Gegenden auftreten, etwa in den Tropen. Unsere Jahreszeiten in den gemäßigten Breiten werden in erster Linie über unterschiedliche Temperaturen definiert, in den Tropen dagegen gibt es (außerhalb der immergrünen Regenwaldgürtel, wo es immer nass ist) Regionen, deren Jahreszeiten nicht über die Temperatur, sondern durch eine Trocken- und eine Regenzeit definiert werden. In diesen Regionen wachsen Bäume hauptsächlich in der Regenzeit, die aufgrund des Klimawandels aber immer kürzer wird. Je länger und trockener die Trockenzeit wird, umso schlechter wachsen die Bäume, und ein Baum, der weniger wächst, bindet eben auch weniger CO_2. Irgendwann ist die Trockenzeit auch für den stärksten Baum zu lang und er stirbt ab – wobei der unter Umständen über Jahrhunderte im Baum gebundene Kohlenstoff wieder in die Atmosphäre entlassen wird.

Paranussbaum: Steht hier schon 1.000 Jahre.

WG unter Druck

Auch unter Wasser bekommen Flora und Fauna den Klimawandel ordentlich zu spüren. Zu den artenreichsten, buntesten und leider auch besonders bedrohten Ökosystemen gehören die Korallenriffe der Tropen. Korallen können selber keine Photosynthese betreiben und

Nur gemeinsam stark: Riffkorallen

stehen ein bisschen zwischen den beiden großen Welten des Pflanzen- und des Tierreichs. Die meisten riffbildenden Warmwasserkorallen leben nämlich in enger Symbiose mit einzelligen Algen, sogenannten Zooxanthellen, die im Gewebe der Polypen leben und dort Photosynthese betreiben. Während der Polyp seine Minialgen vor Gefahren beschützt und sie mit CO_2 und Stickstoff versorgt, liefern diese ihm im Gegenzug fast alle benötigten Nährstoffe – und die wunderschönen Farben. Bei den riffbildenden Steinkorallen, die wir aus den Tropen kennen, ist diese Beziehung lebensnotwendig: Werden Polyp und Zooxanthelle voneinander getrennt, stirbt die Koralle.

Korallen

Korallen sind kleine Nesseltiere, die kein inneres Skelett besitzen, dafür aber Kalk (Kalziumkarbonat in Form von Aragonit) abscheiden und so ein Außenskelett erzeugen. Weil die meisten dieser ausschließlich im Meer vorkommenden Organismen koloniebildend und sessil (festsitzend) sind, entstehen über sehr lange Zeit aus diesen winzigen Exoskeletten riesige Riffe, besonders in tropischen Küstengewässern. Neben diesen riffbildenden, tropischen Arten gibt es aber auch Korallen, die einzeln in kalten Gewässern oder in großer Tiefe leben.

Bleich vor Schreck und abgesoffen

Tropische Korallenriffe leben auch ohne Klimawandel bereits am oberen Temperaturlimit ihres Toleranzbereiches. Sie sind daher die Ökosysteme, die schon jetzt am stärksten – und vielleicht irreversibelsten – vom Klimawandel betroffen sind. Die Erderwärmung wirkt auf sie in verschiedenen Formen. Große Aufmerksamkeit hat das Phänomen der Korallenbleiche erhalten. Hier sind die Effekte direkt sichtbar, werden doch aus bunten Korallenriffen in kurzer Zeit schneeweiße Ruinen. Ihre Ursache hat die Korallenbleiche darin, dass in der engen Partnerschaft von Polypen und den Zooxanthellen ein Konflikt auftritt, der dann so stark eskaliert, dass es zum Rauswurf des geliebten Untermieters kommt. Wie das? Hohe Meerestemperaturen und jede Menge CO_2 befeuern die Photosynthese-Rate der Zooxanthellen. Die produzieren dadurch nicht nur jede Menge Nahrung für ihren Wirt, sondern setzen auch jede Menge Sauerstoff frei, der dann allerlei verschiedene Verbindungen eingeht, die sogenannten »reaktiven Sauerstoffspezies«. Ihnen allen gemein ist, dass sie äußerst reaktionsfreudig sind. Zu dieser Stoffgruppe gehören zum Beispiel Peroxide oder Superoxide, deren Reaktionsfreude wir ja beispielsweise für das Bleichen von Haaren oder die Desinfektion von Oberflächen nutzen. In einem Organismus muss deren Dosis aber sehr genau kontrolliert werden (ganz am Rande: Uns Menschen helfen dabei Antioxidantien in der Nahrung, die gerade deshalb als sehr gesund gelten). Das Problem ist, dass »gedüngte« Zooxanthellen einfach zu viel dieser hochre-

Trennungsschmerz: Eine Koralle ohne ihre Algen

aktiven (und damit schädlichen) Substanzen produzieren. Ihr Polyp kann sich am Ende vor der Vergiftung nur noch durch das Abstoßen der Algen zur Wehr setzen. Durch den Rausschmiss wird aus der bunten Koralle ein weißes Skelett. Über einen kurzen Zeitraum kann der Polyp hungern und seinen Algen dann wieder Einlass gewähren. Ändern sich die zugrunde liegenden Parameter, also die Meerestemperatur und der CO_2-Gehalt, aber dauerhaft, heißt es konsequent, »wir müssen leider draußen bleiben« – der Polyp verhungert, die Koralle stirbt ab.

Aber auch andere, mit dem Klimawandel verbundene Phänomene machen Korallen das Leben schwer. Eines davon ist der Meeresspiegelanstieg. Zum einen verändern sich durch die höhere Wassersäule über den Korallen die Lichtverhältnisse: Mit mehr Wasser wird es dunkler, und das mögen die Zooxanthellen nicht. Etwa 10 Millimeter können Korallen pro Jahr dagegen anwachsen – inzwischen viel zu wenig, wenn wir alleine den Meeresspiegelanstieg des Jahres 2020 mit über 90 Millimeter betrachten. Zum anderen spült ein höherer Meeresspiegel immer mehr Sandstrand von Küsten ab. Pro Meter Meereshöhe mehr kommt es zur Erosion eines Sandstrands von 50 bis 100 Metern Breite. Der abgespülte Sand verschlechtert zunächst die Lichtverhältnisse der lichtliebenden Korallen und legt sich dann zu einem großen Teil auf die Korallen, verstopft deren Kanäle für den Stoffaustausch und tötet sie so nach und nach ab.

Ein anderes Problem ist das häufigere Auftreten von Extremwetterereignissen, wie etwa von Stürmen entlang tropischer Küsten. Diese führen zur mechanischen Beschädigung von Korallen. Da kann in kurzer Zeit sehr viel kaputtgehen, was nur sehr, sehr langsam wieder nachwächst. Aber selbst, wenn es nur stärker oder häufiger regnet, kann das für Korallenriffe zum Problem werden, weil mit dem Regen auch Schad- und Schwebstoffe ins Meerwasser gelangen, die nicht nur das Wasser trüben, sondern in einigen Fällen sogar zu Algenblüten im sonst klaren Wasser rund um die Korallenriffe führen. Sterben diese Algen ab und verrotten, sinkt der Sauerstoffgehalt des Wassers dramatisch – möglicherweise unter die für die Korallen tolerable Grenze.

Das stößt sauer auf

Vielleicht das größte Problem ergibt sich für Korallen aber aus der bereits erwähnten Versauerung der Ozeane. Ozeane nehmen alljährlich fast 3 Milliarden Tonnen Kohlenstoff (also mehr als 11 Milliarden Tonnen CO_2) auf. In Kontakt mit Meerwasser wird aus CO_2 Kohlensäure (H_2CO_3). Aragonit, aus dem das Skelett der meisten riffbildenden Korallen besteht, löst sich in Kohlensäure besonders leicht auf. Und je saurer das Meer, desto höher ist die Konkurrenz um Carbonat-Moleküle, die viele Meeresbewohner brauchen, um ihr Kalkskelett oder ihre Kalkschalen zu bilden. Leider verbinden sich diese Carbonat-Moleküle auch ganz gerne mit Wasserstoffionen, die in saureren Meeren ja immer häufiger zu finden sind (siehe Kasten zum pH-Wert). Den Organismen wird das Carbonat damit quasi wegschnappt. Das Ergebnis ist weniger Kalkaufbau – übrigens nicht nur von Korallen, sondern auch bei Muscheln, Seeigeln und vielen Vertretern des Zooplanktons, also der Kleinstlebewesen, die am Anfang langer Nahrungsketten und im Zentrum komplexer Nahrungsnetze stehen. Noch ist der pH-Wert des Meeres mit etwas über 8 leicht basisch. Wenn wir aber weiter so viel CO_2 in die Luft blasen, werden Meere zu sauer sein, um stabile Kalkstrukturen für Meeresbewohner zu bilden.

Und noch eine Gefahr dräut am Horizont: Meerwasser entspricht in seiner Zusammensetzung den Körperflüssigkeiten vieler mariner Organismen. Dementsprechend wenig evolutionärer Druck hin zu einer gelungenen Abschottung von Innen- und Außenwelt lag auf den Tieren. Wenn sich der pH-Wert des Meerwassers ändert, dringt dieses veränderte Wasser also auch ungehindert in deren Körper ein. Da drinnen ist es aber unter Umständen vorbei mit der Toleranz gegenüber mehr Wasserstoffionen. Wir Menschen zum Beispiel halten in unserem Blut gerade mal Werte zwischen pH 7,35 und pH 7,45 aus, also eine Toleranz von 0,1. Stärkere Abweichungen führen bei uns zu Anfällen, Herzrhythmusstörungen bis hin zum Koma. Es wäre ziemlich dramatisch, wenn das bei Meerestieren auch solche Effekte hätte – was wir im Moment einfach noch nicht wissen, aber vermutlich leider bald herausfinden werden, denn bei einer pH-Abweichung von 0,1 sind die Meere jetzt bereits.

Das Ende der Beachparty

Werfen wir mal einen Blick auf die Effekte des Klimawandels auf das Leben von Tieren außerhalb der Weltmeere. Wir bleiben aber erstmal an den Küsten. Mit dem steigenden Meeresspiegel gehen dort ganze Lebensräume von Tieren verloren.

Trauriger Gewinner

Komplett erwischt hat es die Bramble-Cay-Mosaikschwanzratte *(Melomys rubicola)* in Australien. Sie hat 2016 die traurige Auszeichnung »Erstes vom Klimawandel ausgerottetes Säugetier der Neuzeit« erhalten. Als einzige Säugetierart lebte sie zusammen mit Meeresschildkröten und Seevögeln auf der nur fünf Hektar großen Insel Bramble-Cay im äußersten Norden des Great-Barrier-Riffs. Die Erosion durch den Meeresspiegelanstieg und mindestens ein Sturm, also ein Extremwetterereignis, das in Zusammenhang mit dem Klimawandel steht, haben sie über die Aussterbeklippe geschubst.

Künftig öfter weiblich: Meeresschildkröten

Schwer zu kämpfen mit schwindenden Stränden durch Erosion und Stürme haben Meeresschildkröten, und zwar weltweit. Immer mehr abgelegene, potenzielle Niststrände und immer mehr Nester werden Opfer von Sturmfluten. Durch höhere Temperaturen veränderte Meeresströmungen erschweren es den Tieren, den eigenen Niststrand zu erreichen. Auf andere Strände ausweichen geht kaum, denn überall, wo Meeresschildkröten vielleicht noch nisten könnten, sitzt schon ein Strandtourist und blickt aufs Meer. Und wenn Touristen bereit sind, Platz zu machen, bleibt das Problem, dass frisch geschlüpfte Schildkröten durch die künstliche Beleuchtung von Hotelanlagen irritiert werden und dann ihren Weg ins Meer nicht finden.

Aber richtig skurril wird's, wenn wir auf die Entwicklung der Eier selbst schauen: Anders als bei Säugetieren und Vögeln wird das Geschlecht von Reptilien durch die Bruttemperatur bestimmt. Eier, die weiter oben im wärmeren Teil des Nests liegen, werden Weibchen, während die Eier im kühleren, weiter unten gelegenen Nestbereich zu Männchen werden.

Ist es überall wärmer als normal, entstehen bei Meeresschildkröten immer mehr Weibchen. In Zukunft wird es also vielleicht eine Konkurrenz um Männchen oder ganz einfach zu wenige Männchen geben. Die gute Nachricht: Auch, wenn die Forschung auf diesem Gebiet noch am Anfang steht, gibt es erste Hinweise, dass Meeresschildkröten noch ein paar Tricks in der Schublade haben. Dazu gehören Veränderungen der Neststruktur oder die Verschiebung des Brutzeitraums, damit die Temperaturen wieder passen. Immerhin haben Schildkröten in ihrer mehrere Hundert Millionen Jahre währenden Geschichte auf unserem Planeten schon ein paar heftige Klimawandelereignisse mit- und überlebt.

Was wird es denn?

Von insgesamt 400 Reptilien- und Fischarten ist bekannt, dass sie über eine temperaturabhängige Geschlechtsdetermination verfügen. Das Geschlecht eines Individuums wird also nicht genetisch festgelegt. Geschlechtschromosomen fehlen. Die Gene zur Festlegung des Geschlechts sind im gesamten Erbgut verteilt. Erst in einer temperatursensiblen Phase der Embryonalentwicklung im Ei werden diese entsprechend aktiviert.

Dabei lassen sich bei Reptilien drei Typen unterscheiden: Bei dem für alle Meeresschildkröten geltenden Typ 1 entstehen bei kühleren Temperaturen Männchen, bei höheren Bruttemperaturen entstehen Weibchen. Bei Typ 2, dem Brückenechsentyp, verläuft die Kurve genau umgekehrt: Niedrige Bruttemperaturen führen zur Entwicklung von Weibchen, höhere zur Entstehung von Männchen. Typ 3 schließlich findet sich bei Krokodilen. Hier entstehen Männchen bei mittleren Bruttemperaturen. In den Temperaturbereichen ober- und unterhalb aber Weibchen. In allen drei Fällen verändert sich beim Übergang der einzelnen Temperaturbereiche eindeutig das Geschlecht. Es kommt nicht zur Entwicklung sexuell indifferenter Individuen.

Der große Marsch – Arealverschiebungen

Die meisten Tiere und Pflanzen legen eine gewisse Flexibilität an den Tag, wenn es um die klimatischen Bedingungen und deren Effekte um sie herum geht. Ist eine Art mobil, also beweglich, können sie sich beispielsweise zu neuen Horizonten aufmachen, wenn es ihnen in ihrem Zuhause zu ungemütlich wird. Wenn sich weltweit alle Vertreter einer Art auf diese Weise ein größtenteils neues Verbreitungsgebiet suchen, spricht man von einer Arealverschiebung.

Allein auf hoher Flur: Der amerikanische Pfeifhase

Für die weniger mobilen Arten ist so eine Arealverschiebung aber kaum oder gar nicht möglich. Bei ihnen geht es direkt ums Überleben. Ob Arten ihr Verbreitungsgebiet in andere Regionen ausdehnen können, hängt von ihrer eigenen Mobilität ab beziehungsweise von der ihrer Samen und den Konkurrenzsituationen am »Zielort«. Aktuelle Arealverschiebungen hängen in erster Linie mit der Erderwärmung zusammen. Sie können entweder horizontal stattfinden, also durch Verschiebungen in Richtung der Polkappen, oder vertikal, also in größere Höhe über dem Meeresspiegel. Ost-West-Verschiebungen dagegen bringen nicht viel, weil entlang dieser Achse das Klima ähnlich ist. Über verschiedene Artengruppen hinweg haben Studien gezeigt, dass die Arealverschiebung in Richtung der Pole etwa 17 Kilometer pro Jahrzehnt, die in höhere Lagen etwa 11 Meter pro Jahrzehnt ausmachen.

Auch wenn »11 Meter weiter hoch« nicht nach großem Umzug klingt, müssen wir hier gleich warnend den Finger heben. Schaut man sich einen Berg an, sieht man sofort, dass die verfügbare Fläche zur Bergspitze hin immer kleiner wird. Mit der Verschiebung nach oben ergibt sich zwangsläufig auch eine Verkleinerung des potenziellen Verbreitungsgebietes. Dazu kommt: Auch der höchste Berg ist irgendwann zu Ende. Spätestens ganz oben stirbt jede Art aus. Auf dem Weg nach oben kann auch noch ein weiteres Problem auftreten, nämlich das der Isolation von Populationen der gleichen Art. Während niedrigere Gebiete vielleicht noch durch Hochtäler miteinander verbunden sind, treffen sich Bewohner*innen von Bergspitzen überhaupt nicht mehr. Damit werden große, kontinuierliche Verbreitungsgebiete in kleine Vorkommen von Subpopulationen aufgespalten. So ergeht es beispielsweise den Amerikanischen Pfeifhasen *(Ochotona princeps)*: Sie sind in tieferen Regionen ihres Verbreitungsgebietes teilweise ausgestorben, die verbliebenen höhergelegenen Populationen sind daher geografisch voneinander isoliert. Diese Aufspaltung in kleinere Populationen erhöht das Aussterberisiko, weil kleinere Populationen genetisch ärmer sind als große. Häufigere Inzucht und ein ähnlicheres Immunsystem von Individuen machen diese Populationen empfindlich gegenüber Krankheiten und erhöhen die Wahrscheinlichkeit, auszusterben.

Im Meer betrug die beobachtete Arealverschiebung von Organismengruppen übrigens im Schnitt sogar ganze 72 Kilometer pro Jahrzehnt. Viele dieser (Fisch-)Wanderungen hatten küstenferne und tiefere Meeresschichten zum Ziel, die noch kühler sind. Funktionieren tut das aber nur, solange dort auch genug Nahrung zur Verfügung steht. Dafür wiederum sind funktionierende (und häufig durch Temperaturunterschiede angetriebene) vertikale und horizontale Meeresströmungen nötig. Die, wie könnte es anders sein, durch den Klimawandel beeinflusst werden. Unsere Korallen von vorhin können gar nicht wandern, weil sie ja auf das Licht für die Photosynthese ihrer Zooxanthellen von oben und den sicheren Halt ihrer Exoskelette am Grund angewiesen sind.

Hilf mir mal – Samenausbreitung

Pflanzen können sich nicht fortbewegen. Das limitiert ihre Möglichkeiten, sich dem Klimawandel durch Abwandern zu entziehen. Allerdings wird etwa die Hälfte aller Pflanzensamen von mehr oder minder mobilen Tierarten ausgebreitet. Damit steigen wenigstens die Chancen für den Nachwuchs, eine passablere neue Heimat zu finden. Je mobiler der Samenausbreiter, umso weiter die mögliche Reise. Weil ja auch wichtig ist, dass der Samen nicht zerstört wird, sind viele Samenausbreiter große Tiere, die auch größere Früchte mitsamt ihren Samen einfach runterschlucken. Damit sind besonders Vögel und andere Wirbeltiere für viele Pflanzen wichtige Helfer. Eine aktuelle Studie einer internationalen Forschungsgruppe zeigt leider, dass diese Tiergruppen aufgrund menschlicher Einflüsse und des Klimawandels ihre wichtige Dienstleistung für Pflanzen immer schwerer erbringen können.[4] Sie sind alle selten geworden. Die Fähigkeit von Pflanzen, die auf tierische Samenausbreiter angewiesen sind, dem Klimawandel auszuweichen, hat dadurch bereits um 60 Prozent abgenommen.

Wanderungen verhindern unter Umständen das unmittelbare Aussterben einer Art, verursachen aber auch jede Menge Probleme im »Zielgebiet«, denn das ist ja nicht leer. So wird befürchtet, dass Königskrabben, die langsam auf das antarktische Kontinentalschelf zusteuern, dort angekommen heimischen Seeigeln und Weichtieren den Garaus machen könnten, weil diese mit solchen Räubern noch nie in Kontakt waren und schlicht keine Verteidigungsstrategien gegen die unbekannten neuen Nachbarn entwickelt haben. Bislang verhinderte eine Kaltwasserwand das Vordringen der Krabben in das sensible Ökosystem. Mal schauen, wie lange die bei steigenden Meerestemperaturen hält.

Auf die Socken könnten sich auch Tiere machen, denen wir eigentlich schon Schutzzonen zugedacht haben, in denen sie und wir voneinander unbehelligt leben können. Wenn Tiere wie Elefanten und Löwen in Afrika, Tiger in Asien oder Eisbären im hohen Norden durch klimatische Veränderungen solche Schutzgebiete verlassen, kommt es vermehrt zu Mensch-Tier-Konflikten. Solche Konflikte sind längst Realität: Eine dramatische Dürreperiode zwischen 1986 und 1988 hat in Indien zahlreiche Elefanten aus Schutzgebieten in landwirtschaftliche Felder getrieben, wo es nicht nur zu großen Ernteschäden, sondern auch zu tödlichen Elefantenangriffen auf Menschen kam. Die gleiche Dürreperiode hat in anderen Gebieten Indiens Löwen (ja, die gibt es in einer kleinen Population auch in Indien) zu Haustier- und vereinzelt sogar zu Menschenjägern gemacht. Die große Trockenheit im Jahr 2018 in Botswana hatte dramatische Verluste an Haustieren durch große Raubkatzen zur Folge. Und je mehr Meereis im Norden Kanadas verschwindet, umso häufiger tauchen Eisbären in menschlichen Siedlungen auf, um dort nach Nahrung zu suchen.

Nicht nur ganz große, auch ganz kleine Tiere verschieben ihre Verbreitungsgebiete – und das zunehmend zu unserem Nachteil. So könnte sich bald die Anopheles-Mücke, potenzielle Überträgerin von Malaria, auch in Teilen Süd- und Mitteleuropas wohlfühlen. Auch bisher unbekannte Schädlinge von Nutzpflanzen oder Krankheiten von (Haus-)Tieren könnten mit der globalen Erwärmung ihren Weg zu uns finden. Ziemlich doof in diesem Kontext ist, dass Studien auch darauf hinweisen, dass natürliche Wirbeltierfeinde dieser Insekten, zum Beispiel Vögel und Fledermäuse, in Europa durch den Klimawandel und unsere Eingriffe in die Natur zunehmend geschädigt und damit seltener werden.

Koala mit Bauchschmerzen

Koalas *(Phascolarctos cinereus)* sind charismatische Beuteltiere aus Australien mit einer besonderen Vorliebe für Eukalyptusblätter (und übrigens keine Bären). Schon in guten Zeiten ist es schwer, von Eukalyptusblättern satt zu werden, weil sie nicht besonders nahrhaft und gar nicht leicht zu verdauen sind. Mehr als 16 Stunden am Tag schläft ein Koala – eine der besten Strategien, um Energie zu sparen. Die restliche Zeit verbringt er mit der Nahrungssuche und Aufnahme von etwa 500 Gramm Eukalyptusblättern pro Tag. Dabei sind nur wenige Dutzend der über 600 Eukalyptusarten für ihn als Futter geeignet.

Koala mit schwerer Kost

Die schwere Verdaulichkeit von Eukalyptusblättern basiert besonders auf deren hohem Gehalt an Gerbstoffen, den sogenannten Tanninen. Tannine kommen bei vielen Pflanzen vor und sind ein Verteidigungsmechanismus gegen Pflanzenfresser, in deren Verdauungssystem sie bestimmte Proteine deaktivieren. »Nicht schon wieder Bauchschmerzen«, denkt da vermutlich so mancher Pflanzenfresser und zieht weiter. Wir Menschen finden Tannine in Kaffee, Tee oder Wein übrigens lecker – aber nur in sehr kleinen Dosen. Koalas können tanninreiche Eukalyptusblätter viel besser als andere Tier verdauen, allerdings tun sie sich damit trotzdem schwerer, je höher der Tanningehalt ist. Und hier kommt die schlechte Nachricht: Mit steigendem CO_2-Gehalt lagern Eukalyptusbäume mehr

Tannine in den Blättern ein. Inzwischen ist der Tanningehalt so hoch, dass selbst Koalas das Verdauen schwerfällt. Um das auszugleichen, müssten Koalas immer mehr fressen, aber ihr Magen wird ja nicht immer größer. Eine Alternative wäre, mehr rumzulaufen, um solche Bäume oder Blätter zu finden, die weniger Tannine enthalten. Das kostet aber nicht nur Energie, sondern macht Koalas auch häufiger zu Opfern von natürlichen Räubern, Haushunden oder dem Autoverkehr. Eine Situation, die nicht nur Koalas Bauchschmerzen bereitet.

Aus dem Takt gekommen

Als wäre das alles nicht schon anstrengend genug, gibt es auch noch das Problem der sogenannten Desynchronisation. Viele Prozesse in der Natur sind zeitlich und räumlich aufeinander abgestimmt: Insekten sind an Orten und zu Zeiten aktiv, wenn Blütenpflanzen diese Bestäuber brauchen. Jungvögel schlüpfen dann, wenn sich die meisten Insektenarten in einem leckeren Larvenstadium befinden, ziehende Gänse erreichen ihre norddeutschen Futterplätze, wenn hier das satteste Grün aufläuft. Weil der Klimawandel sich auf verschiedene Organismen aber unterschiedlich auswirkt, kann es passieren, dass dieses schöne Zusammenspiel gestört wird.

Eine europaweite Studie hat gezeigt, dass Schmetterlingsarten zwischen 1990 und 2008 um etwa 114 Kilometer nach Norden wanderten, während Vogelarten im gleichen Zeitraum nur etwa 37 Kilometer »vorankamen«.[5] In Gegenden, in denen bestimmte Vogelarten noch vorkommen, die Schmetterlinge aber nicht mehr, fehlen fütternden Elternvögeln womöglich die wichtigen Schmetterlingsraupen als Nahrung für ihren Nachwuchs.

Besonderes Augenmerk legen Wissenschaftler*innen auf die Abstimmung zwischen Bestäubern und (Nutz-)Pflanzen – immerhin hängen von tierischen Bestäubungsleistungen etwa 9,5 Prozent der weltweiten Nahrungsmittelproduktion ab.[6] »Mismatches« zwischen Bestäubern und Pflanzen können damit zusammenhängen, dass Bestäuber, auch die gerade genannten Schmetterlinge, ihr Verbreitungsgebiet verschieben, die sesshaften Pflanzen aber zurückbleiben.

Aber auch wenn Blütenpflanze und Bestäuber weiterhin am selben Ort vorkommen, kann es passieren, dass sie durch den Klimawandel zu unterschiedlichen Zeiten bereit für die Bestäubungsaufgabe sind, es also zu einem zeitlichen »Mismatch« kommt. Das kann passieren, wenn die Blütenbildung von der Tageslänge abhängig ist (die nicht vom Klimawandel beeinflusst wird), die Entwicklung des Bestäubers aber von der Temperatur. Dann kann der Bestäuber schon am Ende seiner Lebenszeit angelangt sein, wenn die Blüten das entsprechende Servicepersonal benötigen. Steigende Temperaturen können zudem die Anatomie von Insekten beeinflussen, sodass diese nicht mehr zu der zu bestäubenden Blüten passen. Und schließlich können veränderte Temperaturen die Nektarproduktion von Pflanzen und damit ihre Attraktivität für Bestäuber verändern. Da kann also jede Menge unpassend sein.

Adios Tequila

Agaven sind höchst wundersame Wesen – und der Grundstoff für Tequila. Mehrere Jahrzehnte kann es dauern, bis eine Agave ihren bis zu zwölf Meter hohen Blütenstand entwickelt. Dann wird einmal geblüht und die Pflanze stirbt ab. Die Agave kann also nur einmal im Leben für Nachwuchs sorgen – sofern ihre Blüte bestäubt wurde.

In ihren trockenen und heißen Lebensräumen von Lateinamerika bis in den Süden der USA stehen Agaven oft weit voneinander entfernt. Das stellt ihre Bestäuber vor ziemliche Herausforderungen: Gesucht wird ein Kandidat oder eine Kandidatin, die so weit umherstreift, dass sie die blühenden Agaven findet, und die idealerweise viele Pollen über eine große Strecke transportieren kann und daher weder klein noch wenig reisefreudig sein darf.

Die passende Kandidatin findet sich in Form der Großen Mexikanischen Blütenfledermaus *(Leptonycteris nivalis)*. Die zieht von Zentralmexiko in den Südwesten der USA. Dabei ist sie immer dann zur Stelle, wenn an einem Ort die Blütezeit der Agaven ihren Höhepunkt hat. Am Ende hat sie auf ihrer Servicereise 1.200 Kilometer zurückgelegt. So sieht es zumindest im Moment aus.

Schwer zu erreichen: Die Agavenblüte

Etwa ab 2050, so lassen wissenschaftliche Modelle befürchten, werden sich die Verbreitungsgebiete von Fledermäusen und Agaven immer weniger überlappen. So wird am Ende aus Tequila vielleicht ein weiterer Aussterbefall.

Winterschlaf, Winterruhe, Kältestarre

Zu guter Letzt wollen wir noch auf die Besonderheit mancher Tiere eingehen, besonders harschen Temperaturen durch Winterschlaf oder Winterruhe zu entgehen – ein Zustand, der Tage, Wochen oder Monate andauern kann. Beim Winterschlaf werden die Körpertemperatur und alle Stoffwechselvorgänge stark heruntergefahren. Echte Winterschläfer sind zum Beispiel manche Fledermäuse, Murmeltiere, Siebenschläfer oder Hamster – und mit der nordamerikanischen Winternachtschwalbe *(Phalaenoptilus nuttallii)* auch eine

Bereit für den Winterschlaf

Vogelart. Bei der Winterruhe hingegen bleibt die Körperkerntemperatur erhalten. Winterruhe halten beispielsweise Braunbären, Dachse, Eichhörnchen oder Waschbären. Tiere, die ihre Körpertemperatur ohnehin nicht selber regeln (wie Insekten, Reptilien, Amphibien oder Fische) können in eine Winterstarre verfallen. Dabei werden alle biologischen Prozesse und am Ende eben auch die Beweglichkeit (fast) angehalten.

Egal, welchen »tierischen Ruhemodus« wir uns ansehen, ihnen allen ist gemein, dass dabei keine oder nur extrem wenig Nahrung zu sich genommen wird. Aber selbst wenn man sich kaum bewegt und seine Körpertemperatur stark absenkt (Arktische Ziesel etwa auf knappe minus 3 Grad Celsius!): Ganz ohne Energie kommt man nicht aus. Die kommt bei diesen Tieren auf Sparflamme aus Fettdepots, die vor der Ruhephase angefressen wurden. Was für lange Perioden der Inaktivität reicht, wird aber rasch verbraucht, wenn die Tiere verfrüht aufwachen. Und hier kommt der Klimawandel ins Spiel: Höhere Temperaturen wecken Tiere immer früher aus dem Winterschlaf, auch dann, wenn die Nahrungsverfügbarkeit in der Umgebung noch lange nicht ausreicht, sie zu ernähren. Für unseren einheimischen Igel gilt zum Beispiel, dass er bei Temperaturen von mehr als 6 Grad über mehrere Tage aufwacht. Das war früher meistens im März oder April der Fall, heute aber auch schon mal im Januar. In nur zwei Wochen verbrennen Igel dann, was eigentlich noch fast zwei Monate hätte halten sollen. Weil es so früh im Jahr aber noch nicht genug Nahrung für Igel gibt, droht der Hungertod.

Wir sehen, der Klimawandel hat vielfältige Auswirkungen auf unsere belebte Umwelt. Das sollte uns nicht kaltlassen, denn die Natur und damit viele der hier angesprochenen Lebewesen sind unsere besten Verbündeten im Kampf gegen den Klimawandel und seine Folgen. Aber dazu mehr im zweiten Teil des Buches. Jetzt noch schnell einen Blick auf die Uhr, die tickt …

KAPITEL 4

Wie lange kann es eigentlich noch 5 vor 12 sein?

Bezogen auf die Lebensspanne eines einzelnen Menschen, die immerhin über 100 Jahre betragen kann, geschehen einige Dinge auf unserer Welt superschnell und andere extrem langsam. Je schneller eine Veränderung stattfindet, umso leichter fällt es uns, sie zu bemerken. Deshalb erkennen wir zwar einen Wetterumschwung oder das plötzliche Fischsterben in einem Fluss, müssen für Erkenntnisse zum Klimawandel oder dem Verlust von Biodiversität aber technische Geräte und die Wissenschaft bemühen, um beides wirklich zu realisieren. Bei der Doppelkrise von Biodiversitätsverlust und Klimawandel verliefen die Veränderungen lange so schleichend, dass wir dachten, dass uns noch (viel) Zeit bliebe, sie in den Griff zu bekommen. Auch hier kann aber aus einem »relativ langsam« schnell ein »ganz schön zackig« werden …

Alles so schön ruhig hier – Unser Leben im Holozän

Die letzten 11.000 Jahre verliefen auf unserem Planeten ungewöhnlich ruhig – zumindest was Klimakapriolen anbelangt. Während es in anderen Phasen unseres Planeten große Temperaturschwankungen von mehr als 10 Grad Celsius der globalen Temperatur innerhalb weniger Jahrzehnte gab, schwankte die mittlere Temperatur auf der Erde in dieser »Holozän« genannten Periode nur um etwa 0,7 Grad um den mehr als 10.000 Jahre währenden Mittelwert. Damit wurde es von ganz kalten zu ganz heißen Perioden nur um etwa 1,5 Grad wärmer.

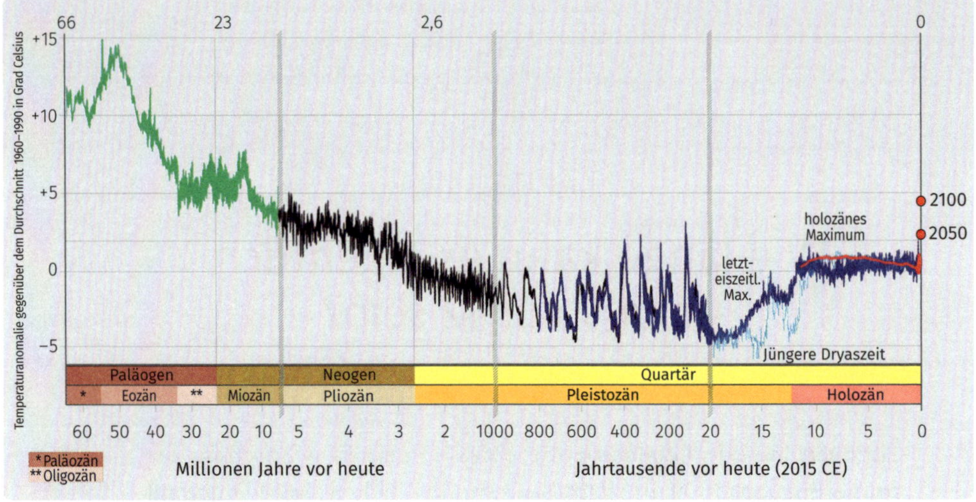

Erstaunlich stabil: das Holozän

In der Periode, die dem Holozän vorausging, dem Pleistozän, gab es viel extremere klimatische Veränderungen. Damit waren insgesamt auch große Veränderungen in der Umwelt verbunden. Der Mensch, damals noch lange nicht Beherrscher der Natur, musste sich permanent anpassen, war Jäger*in und Sammler*in, dabei selbst begehrte Beute großer Raubtiere und immer auf Achse. Keine Zeit für Bequemlichkeit.

Mit dem stabileren Holozän begann der Mensch, sesshaft zu werden, schützte sich mit Kleidung und Gebäuden vor der Unbill der Natur, baute Lebensmittel an und hielt Vieh. Weil das Klima so schön stabil und angenehm und Jahreszeiten und Niederschläge vorhersehbar waren, florierte dieser Lebensstil. Weil die Rahmenbedingungen stimmten, gab es mehr Geburten als Sterbefälle; der Mensch wurde häufiger. Während es zu Beginn des Holozäns nur etwa 5 Millionen Menschen auf unserem Planeten gab, waren es schon um Christi Geburt etwa 300 Millionen. 1.500 Jahre später waren es etwa 500 Millionen Menschen und etwa im Jahr 1804 lebten erstmals eine Milliarde Menschen auf dem Planeten. Von der Entstehung des *Homo sapiens* bis zur ersten Milliarde Menschen dauerte es damit ungefähr 315.000 Jahre. Die zweite Milliarde erreichten wir bereits nach 123 weiteren Jahren, im Jahr 1927. Bis zur nächsten Verdopplung der

Weltbevölkerung dauerte es bis 1974, also nur 47 Jahre. Von 1974 bis heute (in 48 Jahren) verdoppelte sich die Weltbevölkerung erneut. Natürlich dauert dieser Trend nicht für immer an. Die jüngsten Prognosen der Vereinten Nationen gehen davon aus, dass wir spätestens im Jahr 2080 bei etwa 10,4 Milliarden Menschen ein Plateau erreicht haben werden. Aber diese Bevölkerungsexplosion musste die Erde erstmal verkraften.

Leben auf der Überholspur – Die große Beschleunigung

Wie stark der Mensch auf die Natur einwirkt, hängt von der Anzahl der Menschen und ihrem ökologischen Fußabdruck ab. Im Moment sind wir auf einem Pfad, bei dem sowohl die Weltbevölkerung wächst (zwei Milliarden erwarten wir ja noch) als auch der Fußabdruck jedes Einzelnen. Dabei ist der eigentlich jetzt schon problematisch …

Grünfläche bitte nicht betreten!

Unter Biokapazität versteht man die Fähigkeit von Ökosystemen, Ökosystemleistungen zu erbringen. Diese Leistungen der Natur kann man rein rechnerisch mit einem Flächenmaß angeben, dem globalen Hektar (gha). Der entspricht einem Hektar Fläche unseres Planeten mit mittlerer Produktivität. Im Allgemeinen wird ein Hektar Wüste damit weniger, ein Hektar Regenwald mehr als ein globaler Hektar sein. Im Jahr 2019 stand für jeden Erdenbürger eine Biokapazität von 1,6 dieser »durchschnittlichen« globalen Hektare zur Verfügung.

Der ökologische Fußabdruck umfasst die Fläche unseres Planeten, die notwendig ist, um den Lebensstil eines Menschen (oder auch eines Landes) dauerhaft zu ermöglichen. In die Berechnung fließt unter anderem ein, wie viel Fläche für die Produktion von Nahrung oder Kleidung benötigt wird, aber auch für die Produktion von Energie (Abbau von fossilen Energieträgern genauso wie Anbau von Energiepflanzen). Dazu kommen noch Flächen, die für die Entsorgung von Müll oder die Bindung zuvor emittierter Treibhausgase notwendig sind. Dieser Wert wird genau wie die Biokapazität (siehe Kasten) in globalen Hektar (gha) angegeben. Weltweit betrug der durchschnittliche ökologische Fußabdruck im Jahr 2019 pro Mensch 2,7 gha, obwohl jedem Menschen nur durchschnittlich 1,6 gha zur Verfügung stehen. Wir leben also deutlich über unsere Verhältnisse.

Ein nachhaltiges Leben würde bedeuten, dass ökologischer Fußabdruck und Biokapazität sich mindestens die Waage halten (besser noch: es ist ein Überschuss an Biokapazität vorhanden). Das gilt auf regionaler Ebene ebenso wie für alle Menschen auf der Welt zusammen. Im Verhältnis der im eigenen Land vorhandenen Biokapazität zum eigenen ökologischen Fußabdruck steht Französisch-Guyana am besten da: Dort ist die Biokapazität 48-mal so hoch wie der ökologische Fußabdruck der Bevölkerung. Schlusslicht ist Singapur, wo der ökologische Fußabdruck mehr als 100-mal größer ist als die Biokapazität des Inselstaates. In Deutschland verbrauchen wir etwa doppelt so viel, wie uns rechnerisch zusteht.

Im Moment bräuchte es die Biokapazität von 1,75 Erden, um den gemeinsamen Fußabdruck aller Menschen auf unserem Planeten zu kompensieren.

Vom Beginn der Sesshaftigkeit bis zu dem Zeitpunkt, an dem der Mensch richtig zahlreich und global betrachtet auch wirklich einflussreich wurde, vergingen Jahrtausende. Sozioökonomische Parameter, die den Lebensstil und damit den Ressourcenverbrauch drastisch beeinflussten, und die dazugehörigen Kennzahlen, wie Entwicklung des Bruttosozialprodukts, die Entwicklung von Telekommunikation oder internationalem Tourismus kamen erst sehr viel später zum Tragen. Macht man sich die Mühe, die zwölf wichtigsten sozioökonomischen und die zwölf wichtigsten ökologischen Kenngrößen übereinander zu legen, fällt auf, dass sie alle etwa seit Mitte des 20. Jahrhunderts explosionsartig ansteigen. Dieses als »Great Acceleration« oder im Deutschen als »Große Beschleunigung« bezeichnete Phänomen ging einher mit Erfindungen und Entwicklungen in den Bereichen Technologie, Gesundheitswesen, Landwirtschaft, Kommunikation und so weiter. Die machten uns das Leben, aber leider auch die Ausbeutung der Natur, sehr viel leichter. Denn der Fortschritt bedeutete eben

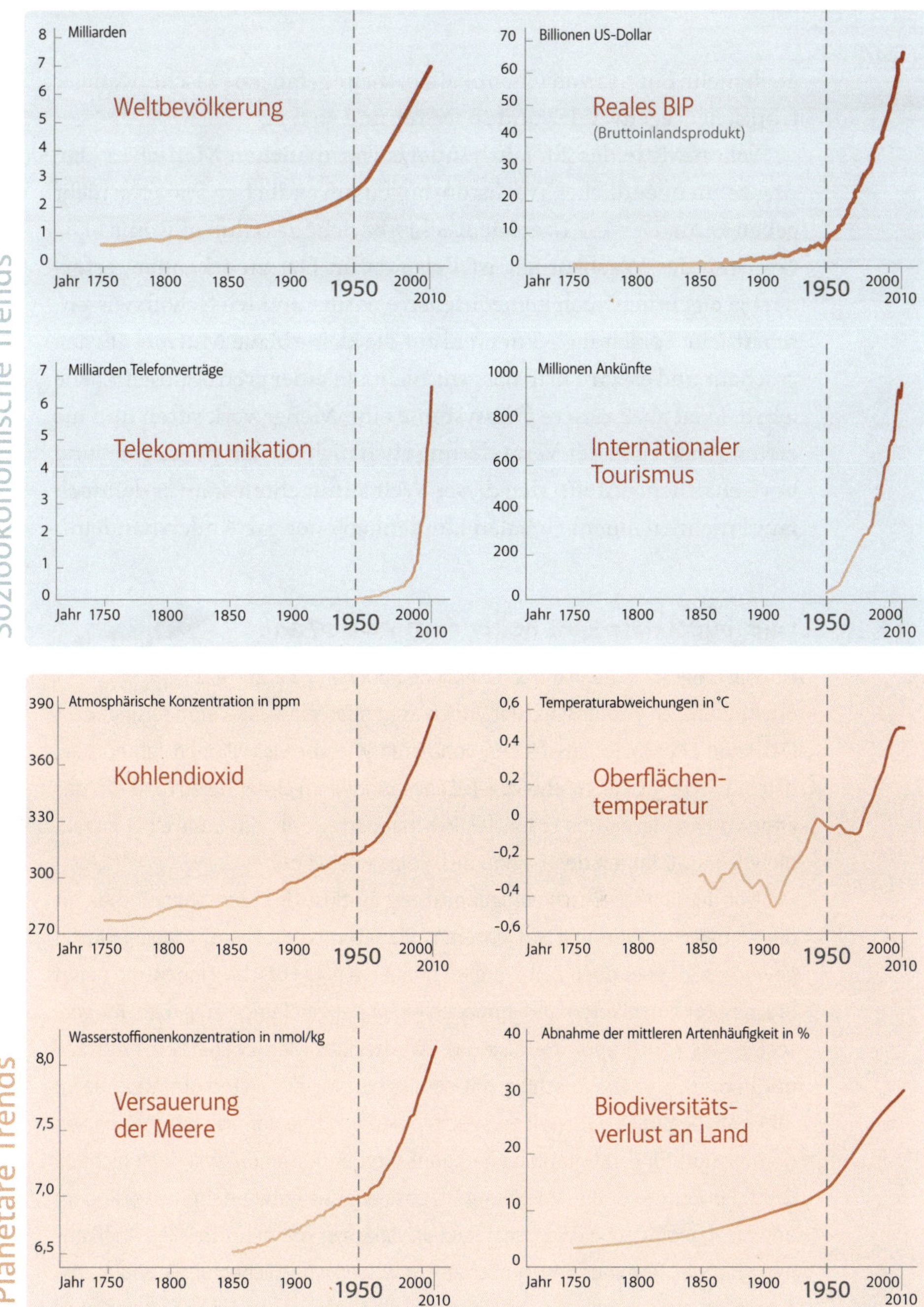

The Great Acceleration: Die Beschleunigung der Welt

auch mehr Einsatz von Chemikalien, mehr gefangene Fische, weniger tropische Regenwälder und so weiter und so fort.

Schon Mitte des 20. Jahrhunderts war manchen Menschen klar, dass es ein unendliches Wachstum auf einem endlichen Planeten nicht geben kann. Der 1972 veröffentlichte Bericht des Club of Rome »Die Grenzen des Wachstums« ist Beleg dafür. Das zu erkennen, erfordert ja eigentlich auch keine intensive natur- und wirtschaftswissenschaftliche Forschung – kurz mal auf die kleine blaue Murmel »Erde« geschaut und es wird klar, dass wir nicht auf einer grenzenlosen Ebene leben. Weil aber unsere Ökosysteme eine Menge verkraften und die ersten Anzeichen der Veränderung auch nicht in den politischen und wirtschaftlichen Zentralen dieser Welt auftauchten, kam es dennoch lange nicht zu einem globalen Umdenken oder gar Andershandeln.

Bye bye Holozän, hello Anthropozän

Um die Erdgeschichte in unterschiedliche Epochen zu unterteilen, orientieren sich Wissenschaftler*innen an großen globalen Veränderungen. Das kann ein Massenaussterben von Arten wie vor 66 Millionen Jahren sein, dem auch die großen (Nicht-Vogel-)Dinosaurier zum Opfer fielen (und das das Ende von Kreidezeit und Erdmittelalter markierte), oder das Ende einer Eiszeit, die vor 11.000 Jahren den Beginn des Holozän einläutete.

Mit der Großen Beschleunigung ist der Einfluss des Menschen und damit die globale Veränderung auf unserem Planeten so groß und allgegenwärtig geworden, dass es doch Zeit wäre, so meinen einige Forscher*innen, ein neues Erdzeitalter einzuläuten und ihm auch einen neuen Namen zu geben. Ihr Vorschlag: das »Anthropozän«, also das Zeitalter des Menschen. Dieses Anthropozän könnte, so ein Vorschlag, mit der Detonation der ersten Atombombe im Jahr 1945 beginnen. Offiziell muss so ein neuer Name von der Internationalen Kommission für Stratigraphie anerkannt werden – und die will noch nicht so recht. Ein Grund für die Ablehnung ist, dass wir das Antlitz der Erde verändern und nicht geologische Prozesse. Ganz unabhängig von der offiziellen Anerkennung hat der Terminus »Anthropozän« in wissenschaftlichen und populärwissenschaftlichen Publikationen gleichermaßen inzwischen einen festen Platz.

Ein Maß, an dem man das erschreckend deutlich sieht, ist die Berechnung des »Erdüberlastungstags« (engl. *Earth Overshoot Day*). Dieser Tag gibt an, an welchem Datum wir die in einem Jahr auf unserem Planeten von der Natur bereitgestellten Ressourcen verbraucht haben. Nachhaltig wäre, wenn alles bis zum 31. Dezember reichen würde. Das war vermutlich das letzte Mal Ende der 1960er-Jahre der Fall. Seitdem rückt der Erdüberlastungstag im Kalender immer weiter nach vorne. Im Jahr 2022 fiel er auf den 28. Juli. Schauen wir uns unseren nationalen, also deutschen, Erdüberlastungstag an, sieht es sogar noch dramatischer aus: Der fiel im Jahr 2022 schon auf den 4. Mai.

Achtung, es kippt!

Wie gesagt, können unsere Ökosysteme eine Menge einstecken. Durch unsere Übernutzung natürlicher Ressourcen und die Verstärkung des Klimawandels bringen wir unser Erdklimasystem aber immer näher an seine möglichen Kipppunkte (engl. *tipping points*).

Das Erreichen eines Kipppunkts in diesem System muss man sich so vorstellen wie das langsame Verschieben eines vollen Wasserglases immer weiter über eine Tischkante. Solange der Schwerpunkt des Glases noch auf der Tischplatte ist, ist das System stabil. Verschiebt man ihn darüber hinaus, ist der Kipppunkt erreicht, das Glas stürzt ab. Auf dem Boden angekommen, ist das Glas zerbrochen und das Wasser verschüttet. Auch dieses System ist stabil, nur leider nicht mehr in einem Zustand, den wir gerne hätten. Einfach umkehren lässt sich der Prozess dummerweise nicht, weder beim Wasserglas noch beim Klima.

Der Kipppunkt in einem System ist also der Moment, ab dem ein neuer Prozess angestoßen wird, der sich nicht mehr stoppen lässt. Der Unterschied zwischen unserem Erdsystem und dem Wasserglas liegt in der Geschwindigkeit, mit der dieser neue Prozess (beim Wasserglas vom Fall bis zum Aufschlag) abläuft. Das Erdsystem verändert sich nicht innerhalb von Millisekunden. Kippt der indische Monsun, dauert es vermutlich weniger als ein Jahr, bis die Folgen in Form von Dürren und darauffolgenden Hungersnöten sichtbar werden. Ist der Kipppunkt im Amazonas erreicht, wird der Wald im Laufe von 50 Jahren absterben. Ist der Kipppunkt zum Schmelzen des grönländischen Eisschilds erreicht, wird es 300 Jahre dauern, bis das Eis weg ist und der Meeresspiegel dafür um 7 Meter höher.[1]

Genau wie beim fallenden Wasserglas sind diese Veränderungen, auch wenn sie viel langsamer ablaufen, weder aufzuhalten noch umzukehren, sobald sie einmal angefangen haben.

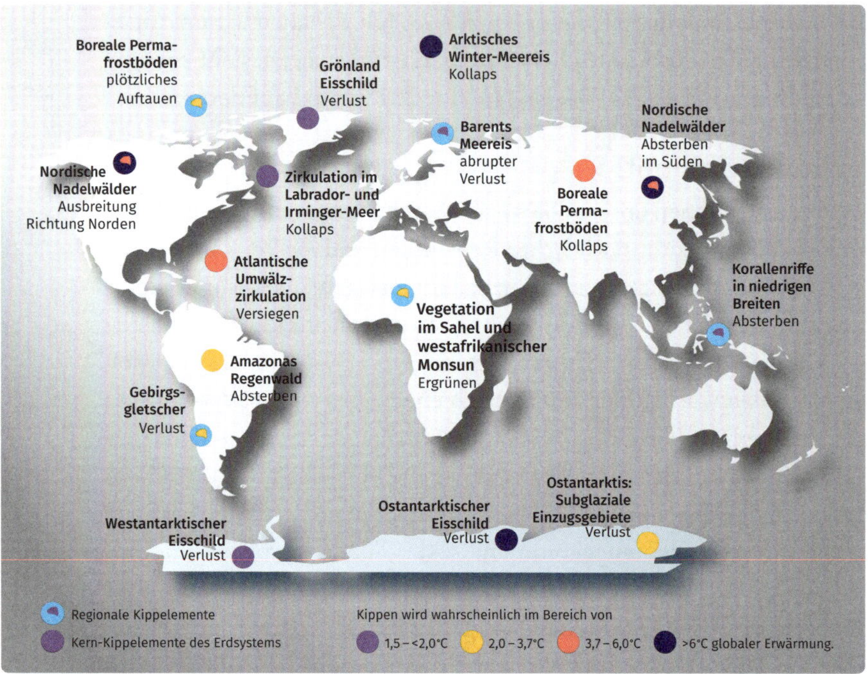

Hier wird's mehr als kritisch: Kippelemente im Erdsystem

Forscher lassen sich bei Prognosen ungern festnageln und sprechen lieber in Wahrscheinlichkeiten. Bis zum September 2022 galt das Eintreten von Kipppunkten des Erdsystems bei einer globalen Erwärmung von etwas über 1 Grad als möglich, erst ab einer globalen Erwärmung um 2 Grad oder mehr als wahrscheinlich. Mit der Veröffentlichung neuester Forschungsergebnisse am 9. September 2022 änderte sich aber das Bild: Ein Team internationaler Forscher*innen kam da zu dem Schluss, dass einige Kipppunkte schon bei einer globalen Temperaturveränderung von weniger als 2 Grad mit hoher Wahrscheinlichkeit erreicht werden, also selbst unser 2-Grad-Ziel nicht ausreicht, um das Ruder herumzureißen.[2] Dass wir uns im Moment auf einem Pfad befinden, der irgendwo zwischen 2 Grad und 3,6 Grad liegt, macht das Bild nicht gerade weniger dramatisch.[3]

Hier kippen nicht nur Bäume

Einer der drohenden Kipppunkte ist das Absterben des Amazonas-Regenwalds. Bei einer Entwaldung von 20 bis 25 Prozent im Vergleich zur ursprünglichen Bewaldung vor dem Anthropozän ist die zusammenhängende Waldfläche nicht mehr groß genug, um weiterhin im nötigen Umfang Wasser zu speichern und Niederschläge zu erzeugen. Geschieht das, würde der Amazonas nach und nach von einem Wald zu einer Savanne werden[4] und damit auch von einer Kohlenstoffsenke erstmals zu einer Kohlenstoffquelle.[5] Wissenschaftler*innen fordern daher, die Entwaldung des Amazonas bei spätestens 20 Prozent für immer zu stoppen. Um das zu erreichen, müssen wir rasch handeln, denn 18 Prozent dieses einzigartigen Ökosystems sind bereits verschwunden.[6,7]

Weniger Amazonaswald bedeutet nicht nur weniger Kohlenstoffbindung und weniger Biodiversität. Besonders kritisch ist hier, dass der Amazonas als riesige Wasserpumpe fungiert, die nicht nur für die Regenfälle im Amazonasbecken selbst, sondern auch für die in Mittel- und Südamerika verantwortlich ist. Um diese Funktion erfüllen zu können, muss die wasserspeichernde (Wald-)Fläche aber eben auch riesig bleiben. Wird diese Wasserpumpe zerstört, fließt der meiste Regen aus der Region ab, ohne dort in Vegetation und Böden gespeichert zu werden, um später wieder weitere Regenfälle zu generieren.[8] Das hätte dramatische Auswirkungen auf die Menschen vor Ort und die Landwirtschaft in Mittel- und Nordamerika. Obwohl wir das seit Jahrzehnten wissen, nimmt die Entwaldung im Amazonasbecken zu. Allein in Brasilien verschwanden zwischen Januar und Juli 2022 fast 4.000 km^2 Regenwald.[9]

Die Grenzen kennen

Egal, was man macht, es ist gut, die eigenen Grenzen zu kennen. Und wenn man auf einen ganzen Planeten einwirkt, sind das natürlich nicht irgendwelche kleinen Schwellen, sondern gleich die »planetaren Grenzen« (engl. *planetary boundaries*).

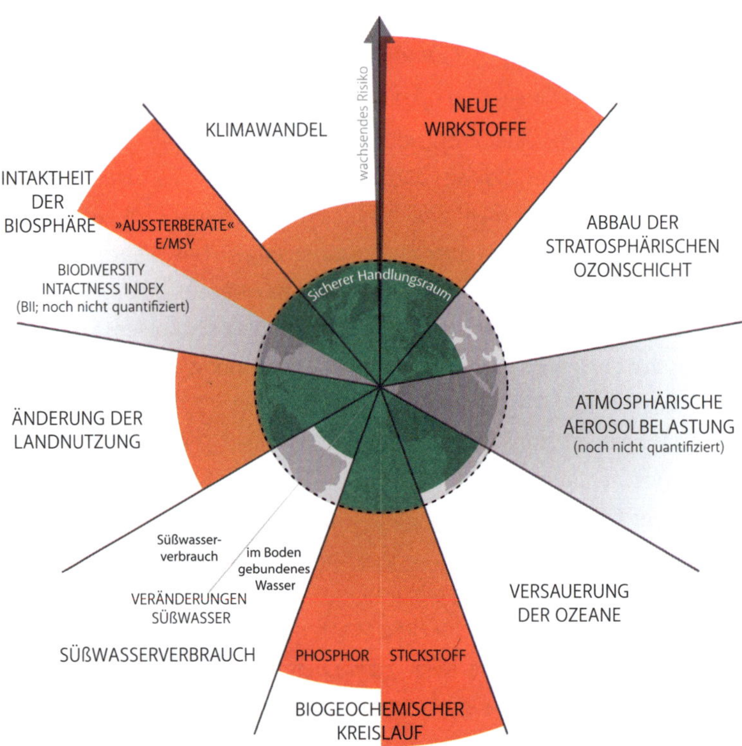

Das Konzept der planetaren Grenzen legt ein Set von neun Schwellenwerten fest, zwei davon nochmals unterteilt. Obwohl unsere Welt komplex ist, genügt es nach Meinung der Expert*innen, diese 9 (beziehungsweise 11) Grenzwerte nicht zu überschreiten, um den sicheren Rahmen zu bewahren, der uns Menschen nicht nur das Überleben auf der Erde sichert, sondern uns Entwicklungs- und Handlungsoptionen für ein gutes Leben aller, auch zukünftiger Generationen offenhält.

Trotz der zunehmenden Bekanntheit und steigenden Akzeptanz des Konzepts der planetaren Grenzen ist es noch nicht zu politischen oder wirtschaftlichen Brems- und Wendemanövern im großen Stil gekommen. Wir müssen zur Kenntnis nehmen, dass wir den sicheren Handlungsrahmen vieler Grenzen schon verlassen haben – und leider weiter in die falsche Richtung laufen.

Wenn man sich also fragt – wie wir es in der Kapitelüberschrift getan haben–, wie lange es eigentlich 5 vor 12 sein kann, dann ist die Antwort leider »nicht mehr lange!«. Natürlich wäre es allen Menschen lieber, wenn wir noch Zeit hätten, so weiterzumachen wie bisher, wenn das Andersmachen und ein drastischer Richtungswechsel Thema der Generationen nach uns sein könnten, aber so ist es nicht. Was also tun? Ganz klar: Auf die Natur schauen und von ihr lernen, denn sie ist die Expertin im Umgang mit unserer Welt!

Teil II

Ziemlich beste Freunde

Manchmal braucht man etwas Zeit, um zu erkennen, wer die wahren Freunde sind. Unsere jahrzehntelange Techno-Party mit Plastik, Beton, Diesel und dem Motto »alles muss raus« war zwar lustig, aber es ist auch eine Menge zu Bruch gegangen. Trotz Kater ist jetzt aufräumen angesagt. Die Natur, die wir lange stiefmütterlich behandelt haben, ist bis zum Partyende geblieben, um zusammen mit uns wieder Ordnung zu schaffen. Das ist wahre Freundschaft.

KAPITEL 5

Keiner bindet besser – natürliche Kohlenstoffbindung

Wir haben ja bereits erklärt, dass es unser Verschieben von Kohlenstoff aus dem langsamen in den schnellen Kohlenstoffkreislauf (besonders in die Atmosphäre) ist, was uns und der belebten Welt um uns herum in Form des Klimawandels zu schaffen macht. Diesen Prozess können wir nicht einfach umkehren. Wir können nicht alles einfach wieder in den langsamen Kreislauf bugsieren, denn, wie der Name schon sagt, dauert es lange, bis sich im langsamen Kreislauf etwas tut – und wir haben es verdammt eilig. Darum brauchen wir eine Umverteilung innerhalb des schnellen Kreislaufes, raus aus der Atmosphäre, rein in alles, was den Kohlenstoff »unter Verschluss« hält, ihn bindet.

Als selbst ernanntes Volk der Ingenieure denken wir bei solchen Aufgaben gerne zuerst mal an technische Lösungen. Immerhin ist CO_2 ja ein Gas, das könnte man doch vielleicht einfach aus der Luft ziehen und dann in den Boden stecken, oder? »Carbon Capture and Storage« (CCS) nennt man diese Idee, das Abscheiden von CO_2 aus der Luft und das anschließende Verpressen in tiefere Erdschichten. Weil in normaler Luft nur 0,04 Prozent CO_2 enthalten sind, ist es allerdings zu aufwendig, solche Luft als Quelle zu verwenden. Deshalb wird das Verfahren dort angewandt, wo große Mengen CO_2 emittiert werden, also auch mehr davon in der Luft ist. Das ist zum Beispiel an den Schornsteinen von Kohlekraftwerken oder chemischen Anlagen, besonders bei der Produktion von Zement oder Aluminium, der Fall. Perspektivisch könnten bis zu 65 bis 80 Prozent des emittierten CO_2 so abgeschieden werden, möglicherweise aber auch deutlich weniger.

An solchen Schornsteinen kann CO_2 direkt abgefangen werden.

Bei CCS wird das CO_2 zunächst chemisch gebunden – ein Prozess, für den Energie aufgewandt werden muss. Je mehr CO_2 man technisch binden will, desto höher ist also der energetische Aufwand für das Abscheiden des CO_2, den Transport und die Speicherung des CO_2 – das summiert sich. Für einen positiven CO_2-Effekt muss also sichergestellt sein, dass hierfür ausschließlich regenerative Energien genutzt werden, wofür der Wechsel zu regenerativen Energien noch schneller vonstatten gehen müsste als ohnehin schon nötig. Ist das CO_2 gebunden, muss es für die Verpressung an die Orte gebracht werden, in denen die (End-)Lagerung möglich ist. Der Transport des CO_2 erfolgt meist über eigens hierfür erbaute Pipelines. Für die Lagerung geeignet sind wenige bereits ausgebeutete Gas- oder Erdöllagerstätten, poröse salzwasserführende Gesteinsschichten (sogenannte »saline Aquifere«) und der Meeresgrund. Im Moment sind solche Gebiete nur in Island, Norwegen, Oman und Nordamerika bekannt.

Kritiker warnen jedoch, dass über die geplanten Endlagerstätten zu wenig bekannt sei, dass potenziell große Gefahren für die Trinkwasserversorgung mit dem Verpressen des CO_2 einhergehen und Leckagen nicht vermieden werden können. Zudem ist diese technische Lösung sehr teuer und sie steckt vor allem noch in den Kinderschuhen: Bisher gibt es nur vereinzelte Pilotprojekte im kleinen Maßstab. Ob wir in der nötigen Zeit überhaupt ausreichend viele und ausreichend große Anlagen zum Verpressen von CO_2 bauen könnten, steht in den Sternen. Und selbst wenn alle technischen Herausforderungen gelöst werden könnten, bestünde immer noch die Gefahr, dass es zu Leckagen oder schlimmer noch dem plötzlichen Entweichen großer CO_2-Mengen aus den Endlagerstätten kommen könnte.

Vielleicht lassen sich all diese Fragen irgendwann befriedigend beantworten, aber momentan sind wir gut beraten, uns nicht allein auf eine eventuelle zukünftige Technik zu verlassen, wenn ein Akteur bereits ein wohlerprobtes Verfahren zur Bindung von CO_2 in großem Maßstab anwendet: Die Natur. Ihre kostenlose Leistung, durch Photosynthese und den Aufbau von Pflanzenmaterial CO_2 direkt aus der Atmosphäre zu ziehen, ist jeder technischen Lösung bisher weit überlegen: Sie braucht keine Energiezufuhr durch den Menschen, ist kostenlos, risikofrei und problemlos skalierbar. Und sie hat gegenüber der technischen CO_2-Speicherung immer noch einen entscheidenden Vorteil, bei dem eigentlich jede Ökonomin und jeder CEO hellhörig werden sollte: Am Ende haben wir mit CCS »lediglich« ein Treibhausgas entsorgt. Die Natur dagegen produziert bei der CO_2-Speicherung vom Apfel bis zum Mahagonibaum so manches Wertvolle ganz nebenbei.

Schauen wir uns den schnellen Kohlenstoffkreislauf und dessen Komponenten also nochmal genauer an. Denn der bietet so einiges Potenzial, CO_2 ganz natürlich aus der Atmosphäre an andere Orte zu verschieben.

Das volle Leben – Biomasse

Abseits des Kohlenstoffs, der sich gasförmig in der Atmosphäre und gelöst in den Gewässern der Welt befindet, spielt der Kohlenstoff, der sich in Böden und Organismen befindet, eine große Rolle für den schnellen Kohlenstoffkreislauf. Auch für die Bekämpfung der Klimakrise wird's da richtig interessant.

Die gesamte Masse von lebenden Organismen zu einem bestimmten Zeitpunkt an einem bestimmten Ort bezeichnet man als Biomasse. Weil sich das Gewicht eines Lebewesens durch die Aufnahme oder Abgabe von Wasser schnell ändern kann – ein Kamel kann in nur 15 Minuten 200 Liter Wasser aufnehmen und so etwa 200 Kilogramm zunehmen – wird die Biomasse oft als Trockenmasse angegeben. Manche Angaben bleiben aber auch bei dem Nassgewicht, weil es einfacher zu messen ist. Aber egal, ob Nassgewicht oder Trockenmasse: Man kann nicht alle Lebewesen, die gerade auf unserem Planeten leben, auf eine Waage stellen, um den korrekten Wert zu ermitteln. Das hat ein paar schlaue Wissenschaftler (das waren in diesem Fall echt alles Männer) vor ein paar Jahren dazu bewogen, sich nach einer alternativen Vorgehensweise umzusehen. Anstatt alle Organismen zu wiegen, haben sie ermittelt, wie die vorhandene Masse an Kohlenstoff sich auf unterschiedliche Organismengruppen verteilt. Basierend auf Analysen und echten Messungen (etwa zur Stoffzusammensetzung von Lebewesen und zur Häufigkeit von Arten), gepaart mit fundier-

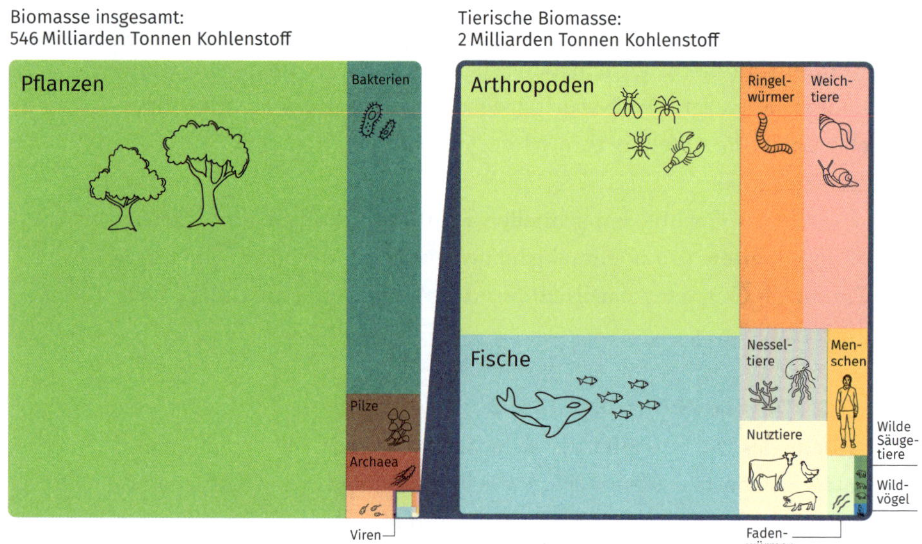

Biomasse: So ist der globale Kohlenstoff in Lebewesen verteilt

ten Annahmen (wie viele Arten sind wohl noch unentdeckt und wie verteilen sich Organismen räumlich auf unserem Planeten) haben sie im Jahr 2018 eine viel beachtete wissenschaftliche Publikation vorgelegt, die uns eine gute Vorstellung davon gibt, wie die Biomasse auf die verschiedenen Organismengruppen unseres Planeten verteilt ist.[1]

Zu viel rumgebastelt

Nicht nur die Natur, auch wir Menschen »machen Sachen«. Selbst wenn wir Rohstoffe aus der Natur brauchen, um Dinge herzustellen, verändern wir diese im Zuge unserer Produktion oft so stark, dass die so entstandenen Produkte nach ihrer Nutzung kaum noch in den natürlichen Kreislauf einzubauen sind. Eine Plastiktüte wird in etwa einer Sekunde produziert und bei uns in Deutschland im Schnitt 18 Minuten lang benutzt, um anschließend mindestens 400 Jahre zu benötigen, um wieder abgebaut zu werden. Und wir produzieren, was das Zeug hält. Ungefähr alle 20 Jahren hat sich in den letzten Jahrzehnten die von Menschen erzeugte »anthropogene Masse« verdoppelt. Etwa 2020 gab es zum ersten Mal mehr von Menschen gemachte Masse als Biomasse auf unserem Planeten. Zu diesem Zeitpunkt gab es doppelt so viel Plastik wie tierische Masse und bei Weitem mehr Masse an Gebäuden und Infrastruktur als an Bäumen und Sträuchern.

Boden – Held zu unseren Füßen

Auch wenn die meisten Menschen bei der Frage, wo Kohlenstoff in der Natur gebunden werden könnte, sofort »Bäume« rufen: Der größte Kohlenstoffspeicher an Land – und damit der Ort, den wir keinesfalls vergessen dürfen, wenn wir nach Lösungen suchen – liegt uns im wahrsten Sinne des Wortes zu Füßen. Tatsächlich sind nämlich Böden die eigentlichen Helden der Kohlenstoffbindung an Land. Geschätzte 2.400 Gigatonnen oder 80 Prozent des Kohlenstoffs in terrestrischen Ökosystemen sind in Böden gebunden, wesentlich mehr als in allen Lebewesen über dem Boden zusammen (546 Gt), und etwa dreimal so viel wie in der Atmosphäre (800 Gt). Egal, wohin wir auf der Erde blicken, mit Ausnahme der tropischen Wälder in Afrika und

Südamerika, ist in fast allen Land-Ökosystemen mehr Kohlenstoff im Boden gebunden als in der darüber wachsenden Vegetation!

Der Kohlenstoff gelangt über das Zusammenspiel der biotischen Aktivitäten von Pflanzen (Photosynthese-Aktivität und anschließende Ablagerung von Laubstreu sowie Wurzelsysteme), über Mikroorganismen (Pilze und Bakterien) und über die Arbeit von »Ökosystemingenieuren« (Regenwürmer, Termiten, Ameisen) in den Boden. Besonders die oberen Bodenschichten sind reich an Kohlenstoff. In besonders nährstoffreichen Böden können im obersten Zentimeter der Humusschicht 400 Gramm Kohlenstoff pro Kilogramm Boden gebunden sein (in besonders armen Böden sind es nur etwa 5 Gramm pro Kilogramm). Das meiste davon dient als Nährstoff für Tiere und Pflanzen. Weiter nach unten schafft es nur wenig. In einem Meter Tiefe liegt der Kohlenstoffgehalt unabhängig vom Bodentyp bei durchschnittlichen 5 Gramm Kohlenstoff pro Kilogramm. Dabei gibt es entscheidende Unterschiede zwischen verschiedenen Bodentypen und Ökosystemen.

Interessanterweise ist das Verhältnis des gebundenen Kohlenstoffs von Vegetation zu Totholz und Böden nicht in allen Waldregionen der Welt gleich. Während in den meisten Wäldern der Erde mehr Kohlenstoff in den Böden steckt als in der Flora auf ihnen, sieht es in

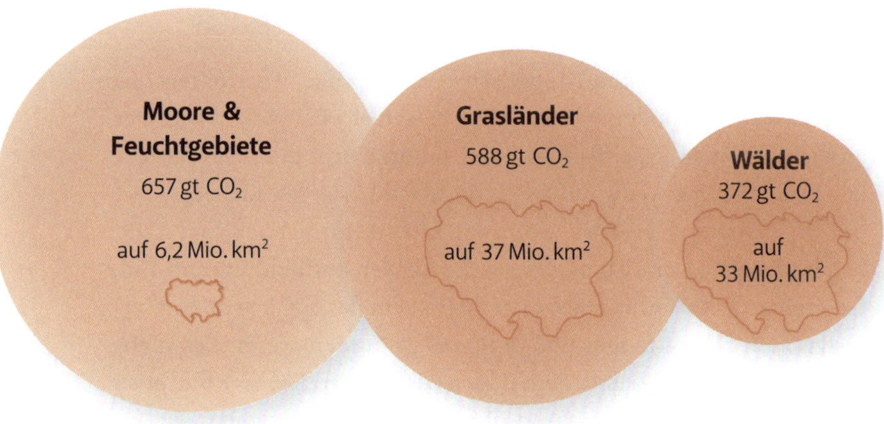

Moorböden sind Weltmeister im Speichern.

den tropischen Wäldern Afrikas und Südamerikas ganz anders aus. Hier stehen die imposanten Wälder auf mageren Böden, in denen nur wenig Kohlenstoff gebunden ist. Durch dauerhaft hohe Temperaturen, viel Wasser und Licht setzen Organismen hier alles organische Material so schnell um, dass sich keine Humusschicht bildet. Während ehemalige Waldflächen in Europa gute landwirtschaftliche Nutzflächen ergaben, ist eine dauerhafte Landwirtschaft auf den mageren Tropenwaldböden im Kongobecken oder dem Amazonas daher kaum möglich. Umso unsinniger ist die Abholzung von Regenwald für landwirtschaftliche Produktion.

Schnell noch einen Baum gepflanzt

... so etwa mutet die aktuelle Betriebsamkeit um Aufforstungsprojekte an. Egal ob Werbeversprechen oder Nachhaltigkeitsberichte, CO_2-Kompensation durch Baumpflanzungen ist beliebt. Aber hier ist größte Vorsicht geboten: Ob Bäume pflanzen eine gute oder schlechte Idee für mehr Klimaschutz ist, hängt in ganz besonderem Maße vom Boden und dessen Geschichte ab. Während das Aufforsten ehemaliger Waldflächen mit den dort heimischen (und möglichst vielen unterschiedlichen) Baumarten eine sinnvolle Klimaschutzmaßnahme ist, sieht es auf Grasland- oder Moorböden ganz anders aus. Der in ihnen gespeicherte (viele!) Kohlenstoff kommt durch die Bodenbearbeitung im Zuge der Anpflanzungen mit dem Sauerstoff der Luft in Verbindung und gast dann als CO_2 aus. Wenn dann noch bei der Pflanzung nicht auf standortgeeignete (geeignet heißt hier auch den zukünftigen Klimawandel ertragende) Arten gesetzt wird und die Bäume nicht lange überleben, dann wird aus der gut gemeinten Maßnahme ruckzuck ein Treiber von Klimawandel und Biodiversitätsverlust.

Besonders unsinnig (und leider trotzdem Realität) ist es, wenn wertvoller Regenwald zerstört wird, um Platz für Anpflanzungen zu machen, bei denen Monokulturen von Ölpalmen, Teak oder Kakao als nachhaltige Aufforstungsprojekte vermarktet werden. Grundsätzlich gilt: Menschen können Bäume, aber keinen Wald pflanzen. Und ein Wald ist immer besser!

Viele gleiche Bäume sind noch lange kein Wald.

Wenn Böden so immens wichtige Kohlenstofflager sind, dann bedeutet das, dass wir alles daransetzen müssen, die Böden möglichst gesund zu erhalten, um diese wichtige Funktion zu bewahren. Dazu gibt es bereits richtig gute Ideen, die wir uns in Kapitel 7 anschauen werden.

Früher war mehr Tier

Auch wenn Böden und Vegetation die beiden Großmeister der Kohlenstoffbindung sind, sollten wir den in Tieren gebundenen Kohlenstoff nicht außer Acht lassen. Kohlenstoff ist Bestandteil jedes einzelnen Lebewesens. Je mehr Lebewesen, umso mehr Kohlenstoff ist in ihnen gebunden und umso weniger kann in die Atmosphäre gelangen. So weit, so simpel.

Blöd nur, dass wir die meisten Tierarten sehr, sehr selten gemacht haben. Neben Menschen, Schweinen und Rindern machen wildlebende Tiere gerade mal nur noch vier Prozent der Säugetierbiomasse aus. Und das, obwohl in dieser Gruppe echte Schwergewichte wie Elefanten, Wale oder Wasserbüffel, aber auch häufige Vertreter wie Mäuse und Ratten zu finden sind. Ähnlich sieht es übrigens bei Vögeln aus: Domestizierte Vögel (da sprechen wir fast ausschließlich von Hühnern) gibt es auf der Erde heute etwa dreimal so viele wie alle Wildvögel zusammen – von der Amsel bis zum Strauß, vom Kolibri bis zur Stadttaube.

21.000 Populationen haben Wissenschaftler*innen zwischen 1970 und 2016 beobachtet: Säugetiere, Vögel, Fische, Reptilien und Amphibien. Sie alle haben um durchschnittlich 68 Prozent abgenommen. Es gibt diese Arten zwar heute noch, nur eben mit viel weniger Individuen. Von den geschätzten 26 Millionen Elefanten, die es um das Jahr 1500 in Afrika gab, waren 2015 gerade mal noch 415.000 übrig. Den Blauwalbestand haben wir von 350.000 Individuen auf unter 20.000 dezimiert. Den mit bis zu drei Milliarden Individuen häufigsten Wildvogel aller Zeiten, die Wandertaube *(Ectopistes migratorius)*, haben wir sogar gleich ganz ausgerottet. Und weil »selten« die Vorstufe zu »Aussterben« ist, sind das richtig schlechte Nachrichten.

Dass es so viel weniger (Wild-)Tiere auf der Erde gibt, ist an sich schon eine traurige Nachricht. Ihr Verschwinden hat aber auch Konsequenzen darauf, wie sich der Klimawandel auf den Planeten und uns Menschen auswirkt, denn die Fähigkeit von Ökosystemen, Leistungen wie die Regulation des Klimas zu erbringen, hängt von einer intakten Biodiversität ab. Jede Menge Schweine, aber kein Schweinswal mehr, das manövriert uns immer tiefer in die Bredouille. Ganz abgesehen vom Verlust von diversen Ökosystemleistungen, die mit diesen Tierbeständen einst verbunden waren, wurde durch ihre Vernichtung auch ganz schön viel CO_2 freigesetzt und wir haben unzählige potenzielle Helfer bei der Kohlenstoffbindung verloren – und das bringt uns zum Titel unseres Buches …

Apropos: Wie macht der Wal denn nun das Wetter?

Wale lassen sich in zwei Gruppen teilen: 14 bis 16 Bartenwalarten (die Angaben über die Artenzahl schwanken) und 71 Zahnwalarten. Zur ersten Gruppe gehört mit dem Blauwal *(Balaenoptera musculus)* mit einem Gewicht von bis zu 200 Tonnen das größte Tier, das je auf unserem Planeten gelebt hat. In der zweiten Gruppe finden sich, neben allen Delfinen und größeren Arten wie Orcas, auch der Pottwal *(Physeter macrocephalus)* als größter Vertreter – immerhin auch bis zu 100 Tonnen schwer. Den Pottwal und die großen Bartenwale kann man unter den Begriff »große Wale« subsumieren. Sie alle binden große Mengen Kohlenstoff in ihren Körpern und zwar für relativ lange Zeit, weil sie nicht nur groß sind, sondern auch noch lange leben.

Barten oder Zähne

Die beiden Gruppen von Walen unterscheiden sich durch die Art ihrer Nahrungsaufnahme. Bartenwale haben im Oberkiefer Schichten von länglichen Hornplatten, den Barten. Als Filtrierer nehmen sie große Wassermengen in ihr Maul auf und drücken das Wasser mit der Zunge durch diese Barten nach außen. Zooplankton, Krill und kleine Fische bleiben an den Barten hängen und werden anschließend geschluckt. Beim Blauwal sind das am Tag etwa 40 Millionen Krill mit einem Gesamtgewicht von 3,5 Tonnen.

Zahnwale haben hingegen, wie der Name verrät, Zähne. Der Pottwal zeichnet sich durch die Besonderheit aus, dass er Zähne nur im Unterkiefer hat. Kauen geht so nicht, ist aber auch egal, denn als spezialisierter Riesenkalmarjäger schluckt und verdaut er seine Beute einfach am Stück. In bis zu 1.000 Meter Meerestiefe geht er auf die Jagd nach bis zu 18 Meter langen Riesentintenfischen.

In einer 2010 veröffentlichten Studie haben Forscher*innen den Bestand von acht Bartenwalarten vor dem industriellen Walfang, mit deren Bestand von 2001 verglichen und dabei ein besonderes Augenmerk darauf gelegt, was die Abnahme der Bestände mit dem globalen Kohlenstoffhaushalt gemacht hat.[2] Etwa 100 Jahre lang betrieben Menschen in großem Stil industriellen Walfang und machten besonders große Wale zunehmend selten. Zu Beginn des 21. Jahrhunderts gab es dadurch etwa 1,7 Millionen Bartenwale weniger als zu Beginn der großen Waljagd.

Einer der heimlichen Klimahelden: Der Buckelwal

Die großen Bartenwale haben so viel Masse, dass in ihren Körpern pro Tier im Schnitt 10 Tonnen Kohlenstoff gebunden sind. Durch ihre Jagd und Rohstoffverwertung an Land wurde all dieser Kohlenstoff in die Atmosphäre entlassen. Hätte man die Bartenwal-Populationen unangetastet gelassen, wären die Tiere eines natürlichen Todes gestorben, zum Meeresboden gesunken und viele von ihnen im Sediment eingebettet worden. Sie hätten so als Kohlenstoffsenken fungiert.

Das ist ein wichtiger Unterscheid zu Landtieren: Von denen verwesen die meisten nach ihrem Tod rasch oder werden von (im Verhältnis zu ihnen kleinen und kurzlebigen) Aasfressern aufgegessen. Der in Elefanten, Nilpferden, Büffeln oder Bisons gebundene Kohlenstoff gelangt daher schnell wieder in die Atmosphäre. Nur ganz nebenbei: Dass Dinosaurier landlebend waren, ist auch einer der Gründe, warum wir so wenig Fossilien großer Dinosaurier finden. An Land wurden sie nur in Ausnahmefällen rasch von Sediment bedeckt, meist aber direkt gefressen oder zersetzt. Aber zurück zu den Walen: Die entziehen den in ihnen gebundenen Kohlenstoff in der Regel dauerhaft der Atmosphäre, weil sie unter Wasser sterben. Jedes Jahr, so schätzen die Wissenschaftler*innen, waren das zu Zeiten vor dem industriellen Walfang bis zu 1,9 Millionen Tonnen Kohlenstoff. Betrachtet man den weltweiten Bestand der acht in die Studie einbezogenen Walarten, sind in den wenigen übrig gebliebenen lebenden Walen heute 9,1 Millionen Tonnen weniger Kohlenstoff gespeichert als in dem ursprünglichen Bestand.

Fische versenken

Auch große Fische wie Thunfische, Makrelen oder Billfische sinken nach ihrem Tod meist an den Meeresgrund. Zwischen 1950 und 2014 wurden durch die Jagd auf sie mindestens 21,8 Millionen Tonnen Kohlenstoff nicht im Meeressediment eingebettet. Weil die gefangenen Fische weiterverarbeitet und schnell konsumiert (also verstoffwechselt) wurden, wurden 37,5 Millionen Tonnen mehr Kohlenstoff freigesetzt und damit etwa 138 Millionen Tonnen mehr CO_2 in die Atmosphäre entlassen. Besonders dramatisch ist aber der Fußabdruck der Fangschiffe. Die haben im betrachteten Zeitraum etwa 165,3 Millionen Tonnen Kohlenstoff (fast 607 Millionen Tonnen CO_2) emittiert. Let more big fish sink!

Aber nicht nur als lebender Kohlenstoffspeicher und als totes »Kohlenstoffgrab« helfen Wale, dem Klimawandel zu begegnen (und beeinflussen damit indirekt auch unser Wetter), sondern auch über die sogenannte »Walpumpe« – ein Begriff, den uns beim Schreiben unser Korrekturprogramm rot unterkringelt, weil er so unbekannt ist. Dabei ist die Walpumpe für uns alle ganz schön wichtig. Sie ist ein Beispiel dafür, wie Prozesse und Organismen in natürlichen Ökosystemen auf quasi wundersame Weise zusammenwirken. In diesem speziellen Fall geht es um die ganz großen und die ganz kleinen Bewohner der Weltmeere: Bartenwale und Phytoplankton.

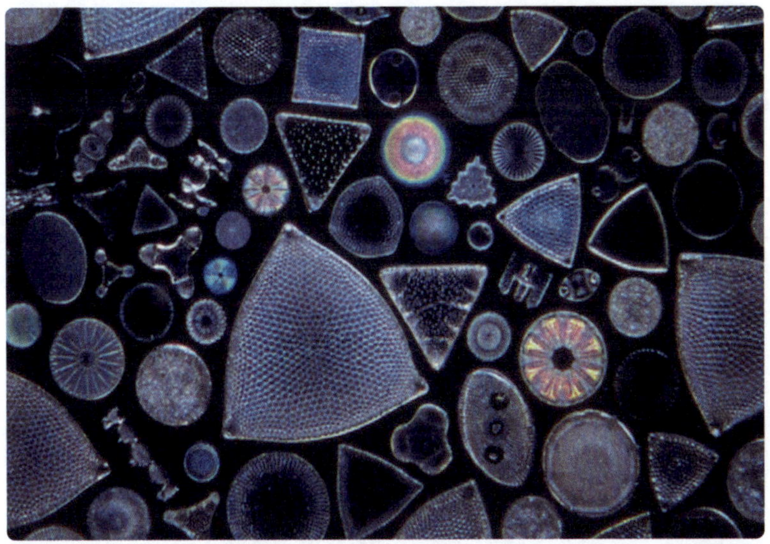

Atemberaubend schön, aber sauerstoffspendend: Kieselalgen

Zum Phytoplankton gehören unter anderem Kieselalgen, Dinoflagellaten und Kalkalgen. Sie alle betreiben Photosynthese, sind klein und sehen oft skurril und wunderhübsch aus. Normalerweise bekommen wir diese Kleinstlebewesen nicht zu Gesicht und denken wohl auch kaum je an sie. Dabei sind sie für mindestens 50 Prozent der Sauerstofffreisetzung durch Photosynthese auf unserem Planeten verantwortlich – mit jedem zweiten Atemzug atmen wir Sauerstoff ein, den sie freigesetzt haben. Und sie binden etwa 40 Prozent alles emittierten CO_2. Das ist so viel wie 1,7 Billionen Bäume binden können, viermal so viele wie in den Wäldern des Amazonas zu finden sind.

Damit das gut funktioniert, brauchen die kleinen Kraftpakete neben Licht auch Dünger. Zwei Elemente limitieren in großen Bereichen der Weltmeere ihr Wachstum, weil sie in (zu) geringer Menge vorkommen: Stickstoff und Eisen. Und hier kommen die Wale ins Spiel. Die fressen mit Vorliebe in tiefen Meeresschichten, wo Nahrung für sie in ausreichender Menge zur Verfügung steht. Der hohe Druck da unten erschwert allerdings den Toilettengang. Für Tiere, die schnell schwimmen können und zum Atmen ohnehin immer wieder auftauchen müssen, ist das aber kein Problem. WC ist einfach immer oben. Was übrig bleibt von dem, was Wale in tiefen Meeresschichten als

Nahrung zu sich genommen haben, wird dort oben und damit in Reichweite des Phytoplanktons ausgeschieden. Weil gerade Walkot reich an Stickstoff und Eisen ist, ist er der beste Dünger für diese kleinen Großmeister der CO_2-Sequestrierung.

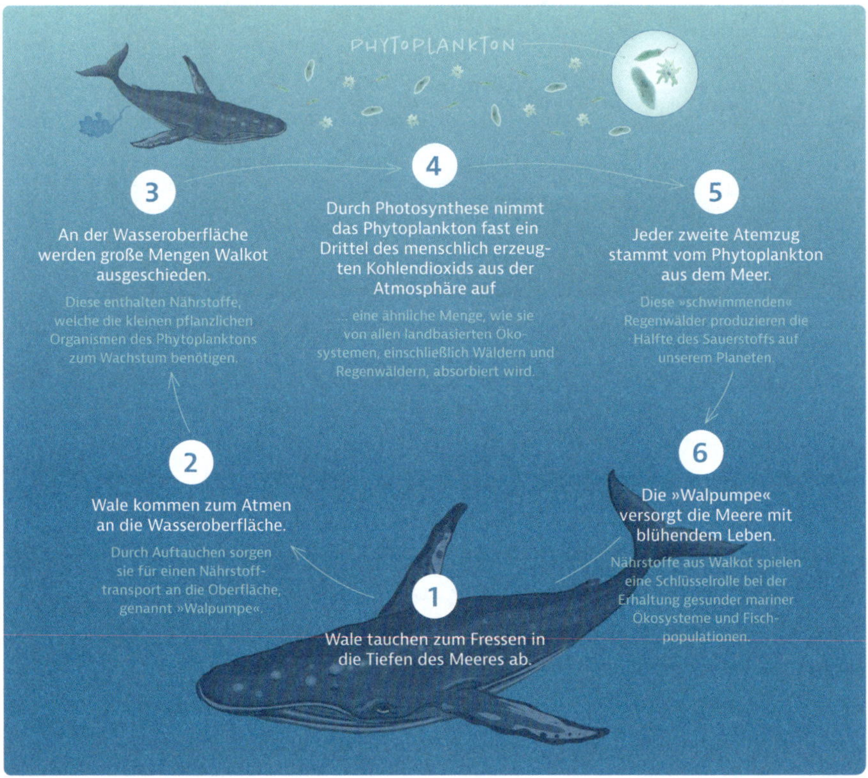

Kleiner Kohlenstoffkreislauf: Die Walpumpe

Das Ganze funktioniert auch über große vertikale Wanderungsbewegungen. Die meisten großen Wale bevorzugen zur Nahrungsaufnahme die kalten, nahrungsreichen Meere nahe den beiden Polen. Ihren Nachwuchs bekommen sie aber lieber in warmen – äquatornahen – Meeresbereichen. Mit dem angefutterten Speck wandern Nährstoffe aus kalten Meeresbereichen mit den Walen in Äquatornähe und werden dort zu Dünger aus Walkot.

Wenn ein Kilo nicht ein Kilo ist

Man könnte meinen, wenn es immer weniger Wale gibt, dann hätte doch deren Beute zunehmen müssen und das Anwachsen dieser Bestände den Verlust der durch den Walfang in den Meeren gebundenen Kohlenstoffmenge kompensieren können. Dass dem nicht so war, liegt an zwei Faktoren: Zum einen an der Stoffwechselrate, bei der Energiebedarf und Körpergröße negativ korreliert sind. Das bedeutet, dass kleine Tiere überproportional viel fressen und aus einem Kilo Nahrung schlicht weniger Körpermasse machen als ein großes Tier. Von der Menge an Plankton, die einen Blauwal ernährt, werden zwar 1.500 Pinguine satt, die wiegen aber nur 8 Prozent des Wals. Der zweite Faktor ist die Tatsache, dass wir ja nicht nur Wale, sondern auch fast alle anderen marinen Organismen – absichtlich oder als Beifang – aus den Weltmeeren geholt und damit sehr viel seltener gemacht haben. Heute ist in Meerestier-Körpern also weniger Kohlenstoff gebunden, als ins Meer in Form von Tieren reinpasst und hingehört.

Würde es uns gelingen, die Walpopulationen wieder um das Drei- bis Vierfache, also auf ihre ursprünglichen Bestände anwachsen zu lassen, hätte das sehr positive Effekte auf das Klima. Das ist nur zum kleinen Teil ihrer Funktion als Kohlenstoffsenke geschuldet – allein, wenn es von den acht untersuchten Walarten wieder so viele Vertreter geben würde wie früher, würden die so viel Kohlenstoff speichern wie 110.000 Hektar Wald bei uns. Viel entscheidender ist aber eine »Instandsetzung« der Walpumpe. Würde die Produktivität von Phytoplankton durch Walkot um nur ein Prozent gesteigert werden, würden Hunderte Millionen zusätzliches CO_2 pro Jahr gebunden werden, ungefähr so viel wie zwei Milliarden Bäume binden können – und der Wal könnte so (indirekt) mal wieder »gut Wetter« machen.

Und nur ganz nebenbei: Rechnet man alle Leistungen zusammen (Kohlenstoffspeicherung, touristische Nuzung, verbesserte Lebensbedingungen für Fischbestände …), die Wale für uns erbringen, so hat jeder lebende Wal einen monetären Wert von mindestens 2 Millionen US-Dollar.[3]

Der Feind in den eigenen Reihen

Trotz ihrer imposanten Größe haben die Riesen der Meere auch einen natürlichen Feind, und der kommt aus den eigenen Reihen. Schwertwale oder Orcas *(Orcinus orca)* jagten schon immer auch ihre großen Verwandten. Als diese seltener wurden, wichen sie auf kleinere Beutetiere aus. Hauptsächlich auf Seehunde, Seelöwen und Seeotter. Besonders die Seeotter *(Enhydra lutris)* haben es den Orcas seither angetan, und das ist wiederum schlecht für unser Klima. Seeotter verspeisen nämlich mit Vorliebe Seeigel, die wiederum den Kelpwäldern zusetzen. Weniger Seeotter bedeutet mehr Seeigel, was wiederum weniger gesunde Kelpwälder bedeutet, die nicht nur CO_2 binden, sondern in denen sich die Kinderstube vieler kommerziell genutzter Fische befindet. Weniger große Wale heißt also auch weniger Fischbiomasse. Das hätte so wohl niemand erwartet, zeigt aber, wie komplex die Natur ist, und dass es meist besser ist, sich nicht zu sehr einzumischen.

Kinderstube Kelpwald

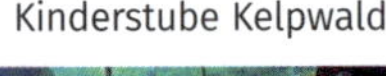

Landschaftsarchitekt*innen XXL

Aber auch an Land gibt es Tierarten, deren Leben die Bindung von Kohlenstoff fördert oder die Freisetzung von CO_2 mindert.

Einen großen Effekt gibt es immer dann, wenn viele, am besten große Tiere da sind. Im Kongobecken galt das sehr lange für Waldelefanten *(Loxodonta cyclotis)*. Die kleinen Verwandten der größeren Savannenelefanten *(Loxodonta africana)* galten lange Zeit gar nicht als eigene Art. Mit der Klärung ihres taxonomischen Status als eigene Art wurde leider damals auch klar, wie bedroht sie sind. Von den einst geschätzten 1,1 Millionen Waldelefanten in Afrika sind heute nur noch etwa 95.000 Exemplare übrig. Der größte Rückgang geschah in den letzten gut 40 Jahren, in denen die Bestände im 80 Prozent abgenommen haben. Am schlimmsten war die Situation zwischen 2002 und 2011, als in nur 9 Jahren 62 Prozent der damals noch existierenden Waldelefanten im Kongobecken gewildert wurden.

Das ist nicht nur traurig, weil dabei wundervolle Wesen verschwinden, sondern beeinflusst auch die Fähigkeit afrikanischer Regenwälder, uns bei der Bekämpfung des Klimawandels zu unterstützen. Wo Waldelefanten vorkommen, bindet der Wald pro Hektar etwa 13 Tonnen Kohlenstoff mehr als ein vergleichbarer Wald ohne Elefanten. Dabei spielen drei Aspekte wohl die entscheidende Rolle: Erstens wird in Elefanten über die Lebensspanne von mehreren Jahrzehnten direkt Kohlenstoff gebunden (im Schnitt 2,64 Tonnen pro Tier), zweitens düngt Elefantenkot Pflanzen, die dann bei schnellerem und massiverem Wachstum mehr CO_2 binden, und drittens verbessern Elefanten durch ihre kulinarische Vorliebe für kleinere Bäume und Sträucher die Lebensbedingungen größerer Bäume, die dann wiederum mehr Kohlenstoff binden können.

Würde es uns gelingen, die Waldelefantenbestände wieder auf ihre herkömmliche Zahl (1,1 Millionen Tiere) in ihrem ursprünglichen Verbreitungsgebiet (2,2 Millionen km^2) anwachsen zu lassen, so schätzen Wissenschaftler*innen, würden pro Quadratkilometer ihres Verbreitungsgebietes etwa 6.000 Tonnen mehr CO_2 gebunden werden.[4] Würde man den Elefanten ihre CO_2-Bindungsleistung übrigens vergüten, indem man ihnen jede Tonne durch sie gebundenes Kohlendioxid zu marktüblichen Preisen abkaufen würde, würde uns beim aktuellen Preis von 90 Euro pro gebundener Tonne CO_2 eine Rechnung von 1,19 Billionen Euro ins Haus flattern. Aber wie immer, wenn die Natur für uns arbeitet, wird eben keine Rechnung gestellt.

Flughundwälder

Ein deutsch-schwedisches Forscher*innenteam hat bei seiner Arbeit im westafrikanischen Ghana herausgefunden, dass die dortige umfassende Kolonie von 150.000 Palmenflughunden (Eidolon helvum) jede Nacht mindestens 300.000 Baumsamen ausbreitet.[5] Die großen Flughunde mit einer Flügelspannweite von bis zu 80 Zentimeter bevorzugen die Früchte schnell wachsender Baumarten und transportieren deren Samen bis zu 75 Kilometer weit in Regionen, in denen die speziellen Schädlinge, Krankheiten und Pflanzenfresser genau dieser Arten fehlen. Das sind besonders gute Startbedingungen für die ausgebreiteten Samen der Pionierbäume, unter denen später auch langsam wachsende Wertholzarten besonders gut gedeihen. Keimten alle von den Flughunden ausgebreiteten Samen, könnte aus ihnen ein Wald von 800 Hektar Größe und einem Wert von geschätzten 700.000 Euro entstehen. Leider wissen die meisten Menschen im Verbreitungsgebiet der Palmenflughunde nichts von dieser wertvollen Leistung der Tiere. Der Palmenflughund gilt als die am meisten für den Verzehr gejagte Fledertierart in West- und Zentralafrika.

Auch der große Bruder der Waldelefanten ackert brav für den Klimaschutz. Das mutet zunächst merkwürdig an – immerhin zerstören Savannenelefanten mit ihrem großen Appetit auf Bäume und Sträucher und einem täglichen Nahrungsbedarf von 100 bis 300 Kilogramm Pflanzenmasse doch eigentlich gerade die Organismen, die emsig Kohlendioxid binden. Weil sie aber etwa die Hälfte des aufgenommenen Pflanzenmaterials in ihrem Kot für kleinere Organismen verfügbar machen, die es dann in den Boden einbauen, wo der Kohlenstoff unter Umständen mehrere Zehntausend Jahre gebunden

Junge Landschaftsarchitekten in unseren Breiten: Luchsfamilie

bleibt, bindet eine Savanne mit Elefanten mehr CO_2 als eine ohne. Hinzu kommt, dass sehr viel Vegetation in Savannen Brennstoff für Savannenbrände liefert. Auch wenn Feuer eine wichtige Rolle in diesen Ökosystemen spielen, können zu wenige große Säugetiere wie Elefanten, Gnus oder Antilopen in zu viel Brennmaterial münden. Bei den dann besonders heftigen, großflächigen Bränden, die besonders heiß brennen, weil viel Futter für das Feuer die Front nur langsam vorankommen lässt, kommen nicht nur besonders viele Tiere und Pflanzen um, sondern wird auch besonders viel CO_2 emittiert. Savannenelefanten sind also nicht nur Klimaschützer, sondern auch noch Artenretter. Übrigens ist das Aufforsten von Savannen ein absolutes No-Go, weil dadurch wertvolle Ökosysteme mit ihrer ganz besonderen Biodiversität zerstört werden.

Ich mach das – Denkste!

Die Natur bindet also in vielfältiger Weise Kohlenstoff und entzieht der Atmosphäre CO_2. Dabei spielen Prozesse und Interaktionen innerhalb von Ökosystemen wichtige Rollen, von denen wir bisher nur wenige gut verstanden haben. Anstatt auf die kostenlosen, seit Jahrmillionen erprobten, effektiven und effizienten Lösungen der Kohlenstoffbindung der Natur zu setzen, verwenden wir viel Geld, Zeit, Denk- und Arbeitskraft auf menschengemachte Lösungen.

Diese Lösungen sind aber oft weniger als zweite Wahl. So kam eine englische Forschungsgruppe zu der Erkenntnis, dass bei einem untersuchten Großprojekt für die Aufforstung von 300 Millionen Hektar degradierten Landes 45 Prozent der Fläche mit Monokulturen standortfremder Arten aufgeforstet werden sollte. Diese Monokulturen sind ökologische Wüsten ohne positive Effekte auf Biodiversität. Hinzu kommt, dass solche Forstplantagen regelmäßig durchforstet und alle 10 bis 20 Jahre eingeschlagen werden, wobei der gespeicherte Kohlenstoff meist rasch wieder in die Atmosphäre entlassen wird, etwa wenn das gefällte Holz verbrannt wird. Weil Monokulturen anders als natürliche Wälder anfällig für Krankheiten, Schädlinge und Brände sind, erfolgt die Freisetzung gebundenen Kohlenstoffs meist sogar noch rascher.

Diverse (Ur-)Wälder speichern nicht nur mehr Kohlenstoff als Monokulturen, sondern sind eben auch weniger anfällig für Krankheiten und Schädlingsbefall sowie resilienter gegenüber Extremwetterereignissen oder Austrocknung. Bezieht man in die Kohlenstoffkalkulation auch noch den Einsatz von Kunstdünger und Pflanzenschutzmitteln ein, dann wird bei der Renaturierung natürlicher Wälder 40-mal so viel Kohlenstoff gebunden wie in industriellen Forstplantagen![6]

Die Take-home-Message lautet also: Oberste Priorität beim Klimaschutz muss der Erhalt alter Wälder haben, gefolgt von der Renaturierung von Sekundärwäldern (das sind solche, die mal selektiv eingeschlagen wurden, sich mit etwas Hilfe von Menschen und anderen Samenausbreitern aber wieder naturnah entwickeln können). Alles natürlich flankiert von Maßnahmen zur Erholung von Wildtierbeständen. Denn keiner bindet besser als die Natur!

Soweit dazu, wie Natur uns hilft, den Klimawandel zu bremsen. Jetzt schauen wir uns an, wie sie uns außerdem hilft, mit ihm klarzukommen.

KAPITEL 6

Nur so lässt sich's aushalten – Schutz und Anpassung durch Natur

Der Blick in die wissenschaftlichen Erkenntnisse zeigt, wie wichtig es ist, den Kohlenstoffhaushalt wieder in Ordnung zu bringen, also deutlich weniger CO_2 zu emittieren und sehr viel mehr zu binden, um den Klimawandel zu begrenzen (Klima-Mitigation). Wir haben gesehen, wie sehr wir dabei auf Natur angewiesen sind. Aber wenn wir über »klimaneutral« oder »Kohlenstoff speichern« sprechen, sprechen wir nicht mehr davon, den Klimawandel zu verhindern (dafür ist es leider längst zu spät), sondern inzwischen davon, ihn auf ein möglichst geringes Maß zu begrenzen, auf unser 1,5-Grad-Ziel. Der Wandel ist längst angestoßen und wir werden auf geraume Zeit unweigerlich mit seinen Folgen – steigende Temperaturen und vermehrte Extremwetterereignisse – konfrontiert sein. Das konstatiert übrigens auch der aktuelle Global Risk Report des World Economic Forums, der Extremwetterereignisse und Naturkatastrophen zu den größten globalen Bedrohungen unserer Zeit zählt. Auf sie müssen wir Antworten finden.

Die gute Nachricht ist: Genau die Freunde, die uns beim Speichern von Kohlenstoff helfen, sind auch die, die uns helfen, uns an sich änderndes Klima anzupassen beziehungsweise mit seinen Folgen besser umzugehen (Klima-Adaption).

In den Schatten gestellt

Jede*r von uns hat sie inzwischen schon mal erlebt, besonders in der Stadt: Heiße, windstille Sommertage mit mehr als 30 Grad, an denen auch die Nacht kaum Abkühlung bietet, weil das Thermometer auch dann nicht unter 20 Grad sinkt. Eine solche Nacht bezeichnet man in Deutschland ganz offiziell als »Tropennacht«. Tage mit über 35 Grad nennt man übrigens »Wüstentage«, und auch die gibt es immer häufiger, in Deutschland, vor allem in Großstädten. Solcher Hitzestress über mehrere Tage belastet das Herz-Kreislauf-System und die Atmung enorm. Vor allem Ältere, chronisch Kranke und Kleinkinder sind gefährdet. In der Stadt Berlin sind Studien zufolge in den Jahren 2001 bis 2010 im Schnitt etwa 1.400 Personen jährlich an den Folgen dieser Hitze gestorben.[1] Aber nicht nur unsere Hauptstadt wird immer heißer, die ganze Republik schwitzt mehr und mehr. Seit 2015 hat es in Deutschland in jedem Jahr mehr hitzebedingte Todesfälle gegeben als im Mittel der Jahre 2000 bis 2005. Allein in den drei Jahren 2018 bis 2020 etwa 20.000 Menschen. Tendenz steigend.

Warum sind die Effekte in Städten besonders groß? Die Lufttemperatur dort hängt stark von der Gebäudegeometrie und den Strahlungseigenschaften der Oberflächen ab. Hauswände und Straßenbeläge speichern die Hitze des Tages und geben sie nachts wieder ab. An einem Sommertag mit 28 Grad Lufttemperatur kann die Oberflächentemperatur von Beton je nach Strahlungswinkel der Sonne zwischen 40 und 50 Grad liegen, bei dunkleren Flächen schnell noch höher. Auf Rasen hingegen hat sich noch niemand die Füße verbrannt. Zudem ist es im Windschatten von Häusern wärmer als auf offener Flur. Die Verdichtung von Städten verschärft diesen Wärmeeffekt zusehends: Immer öfter behindern Neubauten in natürlichen Windschneisen die Luftzirkulation. Von frischer Brise keine Spur mehr. Kommt Abwärme von Verkehr oder Klimaanlagen hinzu, können die Temperaturen in der Stadt deutlich über denen im Umfeld liegen – laut Deutschem Wetterdienst in klaren, windstillen Nächten an manchen Orten um bis zu 10 Grad, weshalb man hier auch von urbanen Hitzeinseln spricht.

Einfach mal die Profis fragen

Termiten sind echte Profis beim klimaangepassten Bauen. Die meisten von ihnen leben in Regionen, in denen auf heiße Tage kalte Nächte folgen. Besonders für die Termiten der Unterfamilie Macrotermitinae ergeben sich daraus besondere Herausforderungen. Sie kultivieren empfindliche Pilze, die sie auf vorverdautem pflanzlichen Martial halten und von denen sie sich ernähren. Die großen Temperaturschwankungen zwischen Tag und Nacht können die Pilze nicht aushalten. Aus Speichel und Erde bauen die pilzzüchtenden Termiten bis zu acht Meter hohe Hügel mit ausgeklügelter Be- und Entlüftungsschloten, über deren Wärmeaustausch das Hügelinnere tagsüber kühler und nachts wärmer als die Umgebung ist. Im Ergebnis entsteht das perfekten, Tag und Nacht gleichen, Raumklima.

In Zimbabwes Hauptstadt Harare sollte der Architekt Mick Pearce ein Hochhaus bauen. Um dessen Nutzung auch in den heißesten Stunden des Tages zu ermöglichen, sollte das Gebäude über das gesamte Jahr gekühlt werden. »Let's do this termite-style«, dachte sich der innovative Architekt, nachdem er eine Termitendoku im Fernsehen und die echten Termitenhügel auf dem Golfplatz von Harare gesehen hatte. So inspiriert baute er das Eastgate Center nach dem Kühlprinzip eines Termitenhügels. Durch das Termitendesign konnte auf eine technische Klimaanlage verzichtet werden, was die Baukosten um zehn Prozent senkte. Durch die geringeren Betriebskosten ließ sich das Gebäude besser vermieten – was bei den steigenden Temperaturen und Energiekosten künftig auch für zukünftige Bauprojekte interessant werden dürfte.

Klimatechnikerinnen bei der Arbeit: Termiten

Ein ganz einfacher Reflex, den wir alle haben, wenn es uns draußen zu warm wird, ist, in den Schatten zu gehen. Und genau den bieten uns Pflanzen und Bäume – für uns selbst, aber vor allem für unsere Häuser und Böden. Pflanzen verhindern die Aufwärmung durch Sonnenstrahlen, unter anderem deshalb, weil sie die Sonnenenergie nicht in Wärme umwandeln, sondern für Photosynthese nutzen! Zusätzlich verdunsten sie über ihre Blattoberflächen Wasser, wodurch Verdunstungskühle entsteht – ein Effekt, der durch die Aufnahme von Niederschlägen und das Verdunsten über den unversiegelten Boden ergänzt wird. Eine ideale, geräuschlose Klimaanlage. Und eine richtig effektive: Studien zeigen, dass an Sommertagen die Oberflächentemperatur auf begrünten Dächern im Schnitt um 11 bis 15,5 Grad unter denen vergleichbarer konventioneller Dächer liegt[2]. Eine Londoner Studie zeigte einen Temperaturunterschied zwischen Park und umliegender Bebauung von bis zu 4 Grad.[3] Kleine Anlagen mit einer

Sieht nicht nur gut aus, kühlt auch prima.

Im Schatten schmeckt es besser.

Mischung aus Bäumen und Gras bieten Kühlung in unmittelbarer Nähe, ab der Größe von etwa drei Hektar (das sind ungefähr vier Fußballfelder) strahlt der Kühlungseffekt sogar nennenswert in die umliegenden Gebiete, sodass ein Netz aus Grünanlagen das ganze Stadtklima beeinflussen könnte.[4]

Höhere Temperaturen können aber nicht nur Menschen stressen, sondern auch Pflanzen. Vor allem dann, wenn auch nachts hohe Temperaturen herrschen, denn dann fehlen den Pflanzen Phasen, in denen sie ihre Energie »in Ruhe« in das Wachstum von Blättern, Früchten und Samen stecken können, weil sie diese Energie brauchen, um ihre eigene Temperatur zu regulieren. Ihr Wachstum leidet unter Hitze und Trockenheit, die zusätzlich den wertvollen Humusboden austrocknen lässt und ihn verstärkter Erosion preisgibt. Insgesamt werden Pflanzen so anfälliger für Krankheiten und Schädlinge. Abseits der Städte sind Ernteausfälle oft Folge der Hitze, aber auch vermehrte und verheerendere Wald- und Steppenbrände. Auch Pflanzen selbst profitieren also von natürlichen Maßnahmen zur Kühlung. Das gleiche Prinzip wie in Städten – Schatten, Speicherung von Wasser und Verdunstungskühlung – kommt uns daher auch in der Landwirtschaft zugute. Wenn wir landwirtschaftliche Methoden nutzen, die niedrigen Bodenbewuchs zulassen oder größere Bäume als Schattenspender nutzen, beispielsweise in der Freiland-Viehhaltung, dann schützen wir Böden vor Austrocknung und Erosion und Tiere vor dem Hitzekoller. Ganz großes Kino sind übrigens Agroforstsysteme, um die es in Kapitel 7 noch gehen wird.

Aufsaugen wie ein Schwamm

Wir haben unsere Städte in den letzten Jahrzehnten zunehmend »dicht gemacht«. Freie Flächen sind mit Häusern bebaut und der Rest überwiegend mit Asphalt oder Pflaster versiegelt worden. Der Mobilität von allem, was Räder hat, wurde Vorrang gegeben gegenüber unversiegelten Böden. Das rächt sich allerdings: Wenn nun Sturzregen innerhalb weniger Minuten literweise Wasser auf versiegelte Flächen prasseln lässt, sind die meisten Abwassersysteme in Städten überfordert, Kanalisationen laufen über, Unterführungen, Keller und Straßen stehen unter Wasser. Die Aussicht auf sich häufende Extremwetterereignisse setzt Städte unter Handlungsdruck.

Was tun? Mit noch mehr Beton, Pflaster und viel Geld die Wassermassen möglichst kontrolliert und schnell aus der Stadt leiten, obwohl man die Verdunstungskühle eigentlich ganz gut gebrauchen könnte? Zum Glück kommen immer mehr Stadtverwaltungen zu der Erkenntnis, dass es sinnvoll ist, das Wasser mit mehr Grün und Sickermöglichkeiten in der Stadt zu halten, wo es zu einem besseren Stadtklima beitragen und Grundwasserspeicher auffüllen kann. Sogenannte »Schwammstädte« (engl. *sponge cities*) schaffen beispielsweise naturnahe Parks und Grünanlagen, in denen Raum ist, um überschüssiges Regenwasser zu sammeln und nach und nach versickern zu lassen. Wo Flächen für Infrastruktur benötigt werden (Straßen, Parkplätze, öffentliche Plätze), können diese entsiegelt werden, indem man undurchlässige Bodenbeläge wie Asphalt und Beton ersetzt durch durchlässigere wie Kies oder geeignete Pflastersysteme. Wo Häuser stehen, helfen Dach- und Fassadenbegrünungen, die ebenfalls Regen speichern und verzögert wieder abgeben und ganz nebenbei noch Energie sparen (da sie im Sommer kühlen, im Winter dämmen) und hübsch aussehen. Schwammstädte machen aus bedrohlichen Starkregenfällen hilfreiche Wasserlieferanten für Stadtgrün und Grundwasser.

Wenn das Wasser versickern kann, ist Regen ein Geschenk.

Eine ähnliche Entwicklung wie unsere Städte haben auch die allermeisten Flüsse in den letzten Jahrzehnten mitgemacht. Seit Langem lassen sich Menschen in der Nähe von Flüssen nieder, nutzen sie als Transportwege für Waren, Menschen und Müll, verwenden ihr Wasser und profitieren von ihrem Fischreichtum und dem fruchtbaren Umland. Mit zunehmender Bevölkerung wuchs der Bedarf an Siedlungsflächen, gleichzeitig änderten sich die Anforderungen von

Schifffahrt und Landwirtschaft. Daher wurden die lebensspendenden Flüsse begradigt, vertieft und eingedeicht und damit von Lebensadern zu »Wasserstraßen«.

Was unserem Bauwahn nahezu komplett zum Opfer gefallen ist, sind wertvolle Auen. Auen sind Niederungen entlang von Flüssen, die von Hoch- und Niedrigwasser geprägt sind und in denen jahreszeiten- oder wetterbedingte überschüssige Wassermengen vom Boden aufgenommen werden und verzögert ins Grundwasser (oder bei normalisiertem Pegel in den Fluss) abfließen. Diese wichtige »Schwammfunktion« kann am besten von unversiegelten, mit Auenvegetation bestandenen Flächen übernommen werden, weil ein lockerer, mit Wurzeln durchdrungener Boden deutlich mehr Wasser aufnehmen kann als eine verdichtete, unbewachsene Fläche, die eher zu Erosion oder Ausspülung neigt. Von betonierter Fläche kann sie leider gar nicht geleistet werden. Wenn es heute an kanalisierten Flüssen stark regnet oder am Flussoberlauf stark taut, dann rauschen in kurzer Zeit große Wassermengen aus mehreren Zuflüssen durch viel zu kleine »Wasserrutschen« und treten oft mit gehöriger Wucht dort über die Ufer, wo sie nicht versickern können, sondern zu bösen Überschwemmungen führen. Es lohnt sich also, natürliche Flussufer in Ruhe zu lassen und Flüsse und Auen zu renaturieren, wenn man von diesem großartigen Hochwasserschutz profitieren will. Davon abgesehen sind Auen übrigens auch unglaublich artenreiche, fruchtbare Lebensräume für Pflanzen und Tiere und einfach zauberhaft anzuschauen.

Dem Ansturm gewachsen

Im Inland kommen Flutgefahren über Starkregen und überfüllte Flussläufe zu uns. Wenn wir aber an Küsten denken, dann sind es die Wirbelstürme vom Meer, die Sturmfluten und zerstörerische Wellen mit sich bringen. Insbesondere die tropischen Küstenregionen, aber auch die Küsten Japans, Chinas oder Nordamerikas sind immer wieder von tropischen Wirbelstürmen mit Windgeschwindigkeiten von bis zu 300 Kilometer pro Stunde betroffen.

Anders als an Flussläufen war das hermetische Abriegeln von langen Küstenstreifen mit künstlichen Deichen für die meisten Regionen der Erde noch nie eine Option. Dazu fehlten schlicht das Geld und die Infrastruktur. Hervorragende, kostengünstige und ganz natürliche Küstenschützer sind dagegen Mangroven. Mangrovenwälder, das sind Ökosysteme aus immergrünen Sträuchern und Bäumen, die im Gezeitenbereich tropischer Meeresküsten vorkommen und besonders gut mit den extremen Bedingungen eines stark schwankenden Wasserpegels umgehen können. Ihr besonderes Wurzelwerk mit Stelzwurzeln und Atemwurzeln macht sie stabil und gleichzeitig flexibel genug, um mit dem ständigen Hin und Her der Brandung und Auf und Ab des Wasserpegels klarzukommen. Außerdem halten sie Sedimente zurück und erhöhen damit kontinuierlich das Wurzelbett. Sie sind damit zu einem gewissen Grad in der Lage, einen steigenden Meeres-

Küstenschutz und Kinderstube: Mangroven

spiegel zurechtzukommen. Und anders als Bauten des technischen Küstenschutzes sind sie wartungsfrei und zusätzlich Lebensraum und Kinderstube von Fischen und Krustentieren, sparen also Geld und liefern Nahrung und Einkommen.

Studien haben ergeben, dass ein Mangrovengürtel, der 100 Meter ins Meer reicht, die sturminduzierte Wellenhöhe an Land um 13 bis 66 Prozent senkt, bei einer Breite von 500 Metern sogar um 50 bis zu 100 Prozent.[5] Wer ziemlich genau Buch führt über das Auftreten von Naturkatastrophen sind die großen Versicherer dieser Welt. Sie haben eine recht gute Vorstellung davon, was Mangroven an Schadensminimierung leisten. Versicherungsmodelle zu Hurrikan Irma, der 2017 auf Floridas Küsten traf, ergaben, dass durch Mangroven damals bis zu 1,5 Milliarden US-Dollar Sachschäden verhindert und 626.000 Menschen vor Flutgefahren geschützt wurden. Auch der Tsunami 2004 in Südostasien hat dort am meisten Verwüstung angerichtet, wo keine Mangroven mehr vorhanden waren. Ohne Mangrovenwälder würden weltweit jährlich 18 Millionen Menschen zusätzlich von Überflutungen betroffen sein und zusätzliche Schäden von mehr als 57 Milliarden US-Dollar an Verkehrswegen, Wohn- und Industriebauten auftreten.[6,7]

Eine Kommission der Vereinten Nationen kam 2019 zu dem Ergebnis, dass der weltweite Nutzen aus Investitionen in Mangrovenschutz bis zu zehn Mal höher ist als deren Kosten.[8] Gleichzeitig wären die Kosten für technische Lösungen, wie den Bau von Wellenbrechern oder Mauern zwei- bis fünfmal teurer als die Investition in Natur.[9]

Leider hat diese enorme Dienstleistung die Mangrovenwälder nicht vor Zerstörung geschützt. Zwischen 1985 und 2005 sind in den Ländern, von denen Daten über ihre Mangrovenbestände vorliegen (etwa 54 Prozent der Länder, in denen Mangroven wachsen, haben diese Daten), gut 35 Prozent der Mangroven verschwunden – in manchen Regionen sogar bis zu 80 Prozent. Sie sind Reisfeldern, Aquakulturen und Hafenanlagen gewichen oder einfach als Brennholz genutzt worden. So sind nicht nur Fluthelfer, sondern auch riesige CO_2-Speicher vernichtet worden. Da wird's Zeit, umzudenken, oder?

Alles im Griff

Extremwetterereignisse lassen nicht nur Wasserfluten strömen, sondern auch immer mehr Erde rutschen: Von Hängen, Bergen, Ufern. Erdrutsche verursachen jedes Jahr in Gebirgsregionen weltweit Schäden in Milliardenhöhe und fordern Hunderte von Menschenleben. Diese furchtbaren Ereignisse werden immer noch als »Naturkatastrophen« bezeichnet, dabei sind sie streng genommen genau das nicht. Wäre Natur in diesen Bereichen erhalten geblieben, hätte es in den meisten Fällen nämlich gar keine Katastrophe gegeben.

Wälder, Bäume und Sträucher, die in diesen Gebieten eigentlich wachsen, stabilisieren Hänge durch das Festhalten von Erde in ihren Wurzelsystemen, durch die bessere Durchlässigkeit von Böden für die Aufnahme von Niederschlägen und durch das Zurückhalten von Starkregen in ihrem Blätterdach. Die Vegetation hat hier buchstäblich alles im Griff. Je vielfältiger sie ist, je mächtiger die Bäume, umso besser kann die Natur diese Ökosystemleistung erbringen.

Um Platz für Skipisten, Siedlungen oder Ackerflächen zu machen oder für Holznutzung, wurden und werden allerdings immer mehr

Erdrutschgefährdet: Hänge ohne Vegetation

Hänge entwaldet. Weltweit, so schätzen Expert*innen, sind 300 Millionen Menschen von Erdrutschen gefährdet. Mehr als 37 Prozent aller geologischen Desaster weltweit (dazu gehören neben Erdrutschen Bergstürze, Erdbeben und vulkanische Aktivitäten) waren zwischen 2006 und 2015 Erdrutsche. Zwischen 2001 und 2020 starben durchschnittlich über 800 Menschen pro Jahr bei Erdrutschen. Besonders dramatisch ist die Situation in Kolumbien, wo entwaldete Hänge eine fast 7-fach höheres Risiko haben, Schauplatz eines Erdrutsches zu werden. Insgesamt treten in den Anden 100 bis 1.000 Erdrutsche pro Jahr auf.

Diese Erdrutsche sind nicht nur eine Gefahr für Leib und Leben, sondern haben auch große negative ökonomische Auswirkungen – etwa durch die Blockade von Transportwegen, die Zerstörung von Ernten, Wasser- oder Stromleitungen. Eine Forschungsgruppe aus englischen und US-amerikanischen Wissenschaftler*innen hat 2020 herausgefunden, dass es 16-mal günstiger wäre, Landwirt*innen für den Erhalt von Wald oder für entsprechende Aufforstungen zu entlohnen, als für die Schäden der Erdrutsche zu bezahlen.[10] Nature pays!

Ein Team aus chinesischen und amerikanischen Expert*innen kam jüngst zu dem Ergebnis, dass mehr als ein Viertel der Bergregionen der Welt nicht nur über eine besonders schützenswerte, aber immer stärker bedrohte Biodiversität verfügen, sondern auch besonders erdrutschgefährdet sind.[11] Eigentlich nur logisch, hier in Biodiversitätsschutz und damit den Schutz von Klima, Menschen und Infrastruktur zu investieren.

Manche mögen's heiß ... und andere eben nicht

Die Natur hat eigentlich eine sehr einfache Methode, um mit veränderten Bedingungen, auch beim Klima, zurechtzukommen. Sie heißt genetische Vielfalt. Diese Vielfalt sorgt innerhalb einer Art für leichte Variationen von Eigenschaften. Statistisch betrachtet haben Arten mit einer hohen genetischen Vielfalt eher Vertreter, die mit veränderten Bedingungen besser klarkommen, zum Beispiel mit weniger Wasser oder größerer Hitze. Die Individuen mit solchen Eigenschaften setzen sich dann durch, so läuft die Evolution.

Ein schönes Beispiel dafür ist die Maispflanze. Sie stammt ursprünglich aus Mexiko, wurde vom Menschen aber über die ganze Welt verbreitet, weil sie sehr gut mit unterschiedlichen Bedingungen wie Klima, Meereshöhe oder auch der Tageslichtdauer und Strahlungsintensität zurechtkommt. Solange der Wind die Rolle des Bestäubers übernahm und die Pollen über die verschiedenen Pflanzen auf dem offenen Feld verteilte, war die Mischung wild und natürlich. Je nachdem, wie die Eigenschaften der Vater- und Mutterpflanzen kombiniert wurden, entstanden völlig verschiedene Individuen. Nicht alle zeigten die Merkmale, die den Bauern am liebsten waren, wie große und wohlschmeckende Maiskolben, aber am Ende setzten sich in unterschiedlichen Regionen die Varianten von Mais durch, die am besten zu den jeweiligen Gegebenheiten passten.

Vielfalt von Mais – bei uns sehen nur die Dosen bunt aus.

Nicht nur Mais, sondern etwa 6.000 bis 7.000 Pflanzenarten haben Menschen auf diese Weise weltweit kultiviert. Noch bis in die erste Hälfte des letzten Jahrhunderts war Landwirtschaft weltweit geprägt von regional unterschiedlichen Nahrungsmitteln, die überwiegend dort konsumiert wurden, wo sie auch angebaut werden konnten. Doch dann setzte die Industrialisierung der Landwirtschaft ein. Effiziente Massenproduktion brachte einheitliche, ertragreiche Pflanzen hervor, die sich in der ganzen Welt verbreiteten. Die Pflanze musste nicht mehr zu einem bestimmten Nährstoffgehalt oder Regenmuster vor Ort passen, denn mithilfe von Dünger, Pestiziden und Bewässerungsanlagen wurden die Bedingungen für die Pflanzen passend gemacht.

Da liegt was in der Luft

Obwohl unsere Atemluft fast 78 Prozent Stickstoff enthält, war der Stoff für viele Pflanzen lange Mangelware. Der Grund dafür liegt in der Tatsache begründet, dass dieser Stickstoff zu über 99 Prozent als elementarer Stickstoff (N_2) vorliegt, den nur wenige Bakterienstämme direkt nutzen können. Den deutschen Chemikern Fritz Haber und Carl Bosch gelang es zu Beginn des 20. Jahrhunderts, ein industrielles Verfahren zu entwickeln, bei dem atmosphärischer Stickstoff mit Wasserstoff zu Ammoniak verbunden wird. Durch dieses Haber-Bosch-Verfahren konnte der Luftstickstoff als Kunstdünger für Pflanzen verfügbar gemacht werden. Der Einsatz von Kunstdüngern revolutionierte die Landwirtschaft erst, führt heute aber zur Belastung von Gewässern, Böden und Luft. Als Lachgas (N_20) befeuert Stickstoff auch den Klimawandel.

So setzte mit der industriellen Landwirtschaft und der Globalisierung des Handels auch die »Harmonisierung« der Welternährung ein. Von den geschätzten 400.000 Pflanzenarten auf der Welt sind etwa 200.000 für Menschen genießbar. Etwa 200 Arten von ihnen wurden bis Anfang des letzten Jahrhunderts weltweit regelmäßig gegessen. Heute aber essen wir fast alle dieselbe Handvoll Sorten von nur wenigen Nahrungspflanzen und Tierarten – egal, ob in Shanghai, Klein-Wusterhausen, Kakpin oder New York. Im Wesentlichen basiert die Welternährung auf nur neun Arten von Nahrungsmittelpflanzen: Zuckerrohr, Mais, Reis, Weizen, Kartoffel, Sojabohne, Ölpalmfrucht, Zuckerrübe und Maniok. 60 Prozent der Kalorien, die jeden Tag irgendwo auf der Welt auf dem Teller landen, stammen sogar von nur drei Arten: Mais, Weizen und Reis. Hinzu kommen wenige Arten von Säugetieren (vor allem Rinder und Schweine, aber auch Ziegen und Schafe) und fast ausschließlich eine Vogelart, das Haushuhn. Vielfältiges Essen? Fehlanzeige.

Auf der Suche nach immer mehr Effizienz wurde nicht nur die Vielfalt der genutzten Arten eingeschränkt, sondern durch gezielte und kontrollierte Kreuzung auch die genetische Vielfalt innerhalb der Arten stark verringert. Beim Mais etwa nimmt man heute nicht mehr hin, dass die wilde natürliche Bestäubung den Ertrag schmälert oder die Erntefähigkeit beeinträchtigt. Wir wollen nur noch gewünschte Eigenschaften haben, vor allem große, gleichmäßig geformte Früchte, die wir leicht maschinell ernten können. Was diesen gezüchteten Pflanzen an Eigenschaften fehlt, wird künstlich ersetzt, durch mehr Wasser, Nährstoffe, künstliche Schädlingsresistenz. Diese Hochleistungssaaten, sogenannte Hybridsaaten, ließen weltweit Erträge steigen und unterstützten die Ernährung einer steigenden Weltbevölkerung.

Erst wählerisch und dann ohne Auswahl

Wenn man eine bestimmte Eigenschaft einer Pflanze »herauszüchten« will, kann man sie über einige Generationen nur mit sich selbst kreuzen. Hierdurch wird die Pflanze auf das gewünschte Merkmal hin »reinerbig«. Durch diese Inzucht stabilisiert sich zwar das gewünschte Merkmal, allerdings sind die entstehenden Pflanzen oft schwächer, weil auch ungewollte Eigenschaften nun reinerbig vorliegen.

Um dieser Schwäche (der sogenannten »Inzuchtdepression«) entgegenzuwirken, werden zwei verschiedene Linien reinerbiger Pflanzen miteinander gekreuzt, bei denen die gleichen gewünschten Eigenschaften in beiden Elternteilen reinerbig vorliegen, die sich in ihren Schwächen aber unterscheiden. In der ersten Generation an Nachkommen (F1) tritt dann der sogenannte Heterosis-Effekt auf. Die Vertreter*in dieser Generation ist ertragreich und robust, weil die Nachkommen im Hinblick auf die gewünschten Eigenschaften ihrer ingezüchteten Eltern (zum Beispiel gleichmäßige Form und Saftigkeit) reinerbig, gleichzeitig aber im Hinblick auf die ungewollten Eigenschaften gemischterbig sind. Dummerweise lässt der Heterosis-Effekt in der nächsten

Generation aber schon wieder deutlich nach, weil die Mischung da schon wieder zu wild wird, sodass eine Aussaat dieser Samen für die Landwirtschaft unrentabel ist. Bauern und Bäuerinnen ziehen also aus der Hybridsaat nicht ihr eigenes Saatgut, sondern müssen jedes Jahr neue Hybridsaat kaufen. Es ist aufwendig, geeignete reinerbige Elternlinien auszuwählen, zu züchten und die Hybridsaat herzustellen, aber die Abhängigkeit der Landwirtschaft von immer neuem Saatgut hat die Saatgutkonzerne für diesen Aufwand entschädigt. Der Preis, den wir alle dafür zahlen, ist der extremer genetischer Armut.

Die genetische Verarmung durch den Fokus auf wenige Hochertragssorten von Pflanzen und auf wenige Rassen von Nutztieren kann schnell zum Problem werden. Treten Rahmenbedingungen auf, die dieser homogenen Gruppe von Pflanzen oder Tieren zu schaffen machen, wie etwa eine neue Krankheit oder eine höhere Temperatur, die nicht mehr durch Bewässerungssysteme, Dünger oder Antibiotika ausgeglichen werden können, dann ist der gesamte Bestand der Art auf einmal bedroht. Dadurch, dass wir keine natürliche Durchmischung von Genen zugelassen haben, haben wir auch die Vielfalt von Eigenschaften unterdrückt und uns der Möglichkeit beraubt, dass unter den genetisch unterschiedlichen Pflanzen und Tieren vielleicht auch welche dabei sind, die mit den veränderten Rahmenbedingungen besser klarkämen.

Kartoffelgenetik

Mitte des 19. Jahrhunderts lebte die arme Bevölkerung Irlands fast ausschließlich vom Kartoffelanbau. Auf den Feldern wuchsen landesweit aber nur zwei Sorten, die genetische Vielfalt war stark reduziert. Zufällig erwiesen sich gerade diese beiden Sorten als anfällig für den aus den USA eingeschleppten Pilz *Phytophthora infestans*. Zwischen 1845 und 1849 kam es daher zu mehreren Missernten, bei denen nahezu die gesamte Kartoffelernte ausfiel. In diesem Zeitraum verhungerten in Irland mindestens eine Million Menschen. Weitere 2,5 Millionen Menschen wanderten aus.

Wir haben ja bereits berichtet, dass eine Reaktion von Tier- und Pflanzenarten auf den Klimawandel darin bestehen kann, in neue Lebensräume aufzubrechen (Arealverschiebung). Zu diesen klimawandelbedingten »Abwanderungen« kann es natürlich auch bei Schädlingen kommen, wenn sich durch den Klimawandel der für sie ideale Temperaturbereich in andere Gebiete verschiebt. Treffen sie in den neuen Gebieten dann auf genetisch arme Monokulturen, bieten sich ihnen hervorragende Lebensbedingungen, während ihre Fressfeinde, die sie unter Umständen im Rahmen der Arealverschiebung begleitet und weiterhin in Schach gehalten hätten, dort oft keine attraktiven Lebensbedingungen vorfinden und rasch wieder verschwinden. Ähnliche Probleme entstehen, wenn Schädlinge durch den globalen Handel als blinde Passagiere in neue Breiten gelangen und paradiesische Zustände ganz ohne Feinde, aber mit jeder Menge Nahrung vorfinden.

Ins Netz gegangen

Was Fressfeinde »wegschaffen« können, sieht man sehr schön an Spinnen. Eine aktuelle Studie schätzt, dass sich die Spinnen dieser Erde jährlich 400 bis 800 Millionen Tonnen Biomasse schmecken lassen.[12] Das entspricht ungefähr unserem Hunger nach Plastik – davon produzieren wir nämlich im gleichen Zeitraum rund 400 Millionen Tonnen. Auch wenn viele Menschen Spinnen nicht so gerne mögen, sollten wir die Arbeit der Achtbeiner zu schätzen wissen. Während sie selber in der Regel keinen Schaden an Nutzpflanzen oder -tieren anrichten, sorgen sie mit dem Vertilgen von bestimmten Sechsbeinern (Insekten) für den Schutz dessen, was uns oft lieb und teuer ist.

Aber wir haben doch Insektensterben! Nieder mit den Spinnen, damit es wieder mehr Insekten gibt? Auf gar keinen Fall. Richtig wäre, Insekten zu fördern, damit immer mehr Spinnen, Singvögel, Frösche, Fische ... ordentlich zu futtern haben.

In den letzten hundert Jahren haben wir auf den Äckern bereits ungefähr 75 Prozent pflanzlicher Genvielfalt an den genetisch sehr homogenen Hochleistungslandbau verloren. Es wird wirklich Zeit, das, was in den letzten »wilden Ecken« dieser Erde noch an Vielfalt schlummert, aus dem Schlaf zu küssen.

Erfreulicherweise erleben wir derzeit eine kleine Renaissance alter Sorten. Vor allem auf lokalen Märkten, aber gelegentlich auch in den Supermarktregalen finden wir wieder Möhren in unterschiedlichen Farben und Größen, Apfelsorten mit unvertrauten Namen oder Brote aus »Ur-Getreiden«. Zum Glück sind noch Reste der genetischen Vielfalt erhalten, manche auf natürliche Weise, andere in sogenannten Samenbanken, in denen vorausschauende Menschen Vorräte von Saatgut angelegt haben, das früher auf die Felder kam. In diesen Vorräten suchen Wissenschaftler*innen und Landwirt*innen nun nach Sorten, die mit höheren Temperaturen und weniger Wasser klarkommen. Biodiversität kann so helfen, unsere Landwirtschaft an den Klimawandel anzupassen.

Gras ist nicht gleich Gras

Dass genetische Vielfalt nützlich ist, wenn es gilt, auf klimatische Extremsituationen zu reagieren, konnten Forscher*innen am Beispiel von Seegraswiesen beobachten.[13] Eine Hitzewelle im Sommer 2003 führte zu großflächigem Absterben vieler Flachwasserlebewesen in Seegraswiesen der Ostsee. Die Gebiete wurden in der Folgezeit genau beobachtet. Seegraswiesen zählen nicht zu besonders artenreichen Ökosystemen, aber innerhalb der »Wiesenabschnitte« konnten Seegraspopulationen mit mehr oder weniger genetischer Diversität ausgemacht werden. Es zeigte sich eindeutig, dass sich genetisch vielfältige Wiesenabschnitte schneller erholten als genetisch gleichförmigere, und am Ende des Sommers deutlich mehr Biomasse und Pflanzendichte aufwiesen. Genetische Vielfalt scheint hier also die Funktion von Artenvielfalt kompensiert zu haben. Eine wichtige Erkenntnis, wenn es um gute Strategien für Klimaanpassungsmaßnahmen geht.

Mit der Natur als starker Partnerin sollten wir das also hinkriegen mit der Anpassung. Was wir dabei beachten müssen, wie das ganz praktisch geht und wer so etwas schon macht, schauen wir uns nun an …

Warum auf Vielfalt verzichten?

KAPITEL 7

Natur als Lösung

Eigentlich ist ja ganz klar, was passieren muss, um den CO_2-Haushalt wieder in den Griff zu bekommen. Danach gefragt, welche Ökosysteme man angesichts dieser Situation noch zerstören und wie viel fossile Energieträger man noch verbrennen dürfte, würden Grundschulkinder vermutlich antworten: »Gar keine«. Klingt irgendwie gar nicht doof und deckt sich auch mit den neuesten Erkenntnissen der Wissenschaft.

Wir müssen endlich aufhören, den von der Natur sicher in fossilen Lagerstätten, aber auch in Tieren, Böden und Wäldern gebundenen Kohlenstoff freizusetzen. Weil wir aber schon viel zu viel Kohlenstoff vom langsamen in den schnellen Kreislauf verschoben und in die Atmosphäre entlassen haben, müssen wir jetzt zusätzlich den überschüssigen Kohlenstoff wieder einsammeln und ihn dahin bugsieren, wo er keinen Klimaschaden mehr anrichten kann. Die gute Nachricht ist, dass die Natur eine wertvolle Helferin dabei sein kann, die Pandorabüchse zu schließen und gleichzeitig mit den unausweichlichen Folgen des Pandorachaos umzugehen. Das alles kostenlos, dauerhaft und hoch effektiv.

Wo geht die Reise hin?

Wie sich die globalen Temperaturen zukünftig entwickeln werden, hängt von der zu erwartenden Konzentration an Treibhausgasen in der Atmosphäre ab. Wenn wir also vom »1,5-Grad-Ziel« sprechen, dann sprechen wir eigentlich vom Ziel einer bestimmten Treibhausgaskonzentration in der Atmosphäre. Wie viel Treibhausgase zukünftig in der Luft sein werden, hängt wiederum von einer Reihe anderer Faktoren ab, unter anderem vom

Bevölkerungswachstum, den ökonomischen und sozialen Entwicklungen der nächsten Jahre, technologischen Fortschritten oder politischen Rahmenbedingungen. Um in diesem unendlichen Raum von möglichen Entwicklungen wenigstens etwas Greifbares zum Diskutieren zu bekommen, hat die internationale Forschungsgemeinschaft eine begrenzte Zahl von Entwicklungspfaden definiert, für die in hochkomplexen Modellen die zu erwartenden Emissionen, die damit einhergehenden Temperaturänderungen und die daraus resultierenden Klimafolgen prognostiziert werden.

Derzeit sind überwiegend fünf Szenarien in der Diskussion:[1]

1,5-Grad-Weg Durch ambitionierte Klimaschutzmaßnahmen gelingt es uns, die globale Erwärmung auf 1,5 Grad gegenüber dem vorindustriellen Zeitraum zu begrenzen.
2-Grad-Weg Durch aktiven Klimaschutz gelingt es uns, die globale Erwärmung auf 2 Grad gegenüber dem vorindustriellen Zeitraum zu begrenzen. Im Globalen Süden entstehen dennoch Schäden durch den Klimawandel.
Mittelweg Klimaschutz und wirtschaftliche Entwicklung (unter Einsatz fossiler Energien) halten sich die Waage. Vulnerable Regionen leiden massiv unter dem Klimawandel. Effektive Maßnahmen zum Umgang mit Verlust und Schäden in dem zu erwartenden Ausmaß fehlen.
Konfliktreicher Weg Nationalismus und regionale Konflikte nehmen zu, internationale Zusammenarbeit ab. Das alles lässt den fossilen Energiebedarf weiter ansteigen. Alle Staaten sind massiv vom Klimawandel betroffen, den jeder für sich allein bekämpfen muss.
Fossiler Weg Im Zuge der weltweiten Entwicklung werden auch immer mehr fossile Energieträger genutzt. Maßnahmen zur Vermeidung des Klimawandels werden auf ein Minimum reduziert.

Übrigens: Wir haben die Definition der Szenarien den Seiten des Bundesumweltamtes entnommen. Dass der dritte Entwicklungspfad als »Mittelweg« bezeichnet wird, ist also nicht auf unserem Mist gewachsen. Im Gegenteil, wir finden es fast fahrlässig, ein Verfehlen des 2-Grad-Zieles als »Mittelweg« zu bezeichnen – mit einem Begriff, der im Deutschen ja auch den »guten Kompromiss« meint. Aber so steht es dort tatsächlich …

Wir sind natürlich nicht die Ersten, die darauf hinweisen, dass die Natur uns beim Klimaschutz helfen kann. Die Vereinten Nationen, die Weltbank, das Weltwirtschaftsforum, wissenschaftliche Institutionen oder Umweltschutzorganisationen – sie alle gehen davon aus, dass die gesetzten Klimaziele nicht ohne die Einbeziehung von Naturleistungen erreicht werden können, weil Beton und Technik nicht die einzigen und vor allem nicht die besten Antworten auf die Frage sind, wie wir die CO_2-Konzentration in der Atmosphäre senken und die Folgen des Klimawandels meistern können.

Wenn Projekte und Instrumente für Klimaschutz auf den klimaschützenden Eigenschaften der Natur basieren, werden sie als »naturbasierte Lösungen« (engl. *nature-based solutions*, NbS) bezeichnet. Die Internationale Naturschutzunion beschreibt sie als »Maßnahmen zum Schutz, zur nachhaltigen Bewirtschaftung und Wiederherstellung natürlicher und veränderter Ökosysteme, die gesellschaftlichen Herausforderungen effektiv und anpassungsfähig begegnen und gleichzeitig dem menschlichen Wohlergehen und der biologischen Vielfalt dienen«. Klingt ziemlich trocken, ist aber genial, weil – wie die Vereinten Nationen es etwas knackig formuliert haben – naturbasierte Lösungen »billig, effektiv und skalierbar« sind. Genau!

Für naturbasierte Lösungen tun sich drei große Arbeitsfelder auf: der effektive Schutz intakter Ökosysteme, ein verändertes Landmanagement auf bewirtschafteten Flächen der Land- und Forstwirtschaft und die Renaturierung degradierter Naturräume.

Die Wissenschaftler*innen, die 2021 die Ergebnisse für die Abbildung auf Seite 116 lieferten, waren sicher, dass das dort gelistete Potenzial der jährlich vermiedenen CO_2-Emissionen und gesteigerten CO_2-Bindung schon bis zum Jahr 2025 hätte umgesetzt werden können, wenn die Menschheit direkt 2021 angefangen hätte, die entsprechenden Maßnahmen in Angriff zu nehmen. Auch wenn man erst jetzt anfinge, könnten der Atmosphäre so bis Mitte unseres Jahrhunderts jährlich 10 Gigatonnen CO_2 entzogen werden. Danach wären manche Kohlenstofflager gesättigt, weil zum Beispiel alle landwirtschaftlichen Methoden biodiversitäts- und klimafreundlich umgerüstet sein würden. Andere, wie die Kohlenstoffbildung in Wäldern und Mooren, die immer wachsen, könnten noch Jahrtausende weiteres CO_2 binden.

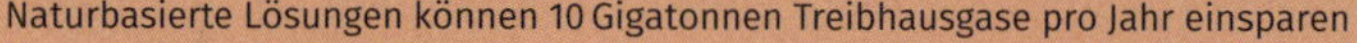

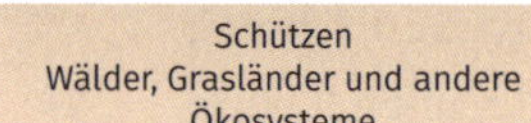

Leichter gesagt als getan

Wenn die Antwort auf unser Klimaproblem anscheinend so nahe liegt, warum kommen naturbasierte Lösungen dann nicht richtig in Schwung? Warum begrünen wir nicht wie die Weltmeister*innen, renaturieren was das Zeug hält und lassen die Finger von Ölquellen in intakten Regenwäldern? Warum fließen dann noch so viele klimapolitische Anstrengungen in technische Lösungen und nur so wenige in naturbasierte?

Mehr als 60 Prozent der Unterzeichnerländer des Pariser Klimaabkommens haben naturbasierte Lösungen in ihre nationalen Klimapläne aufgenommen. Wenn wir uns aber die Praxis der Klimawandel-Eindämmung und -Anpassung anschauen, dann sehen wir, dass der überwältigende Teil der in nationalen Klimaplänen vorgesehenen Investitionen in technische und nicht in »natürliche« Maßnahmen fließt. In Bangladesch beispielsweise, einem der am stärksten vom Klimawandel betroffenen Länder, haben von 329 genehmigten Projekten zur Klima-Anpassung zwischen 2009 und 2016 nur 38 einen Bezug zu natürlichen Lösungen, die anderen 291 Projekte sind technischer und bautechnischer Art.

Es gibt also offensichtlich einige Hürden, die naturbasierte Lösungen nehmen müssen, bevor sie zum Erfolg führen.

Kann hier einer bitte mal durchzählen?

Das fängt damit an, dass es gar nicht so einfach ist, die tatsächliche Wirksamkeit einer naturbasierten Klimaschutzmaßnahme im wahrsten Sinne des Wortes zu ermessen und zu beziffern. Das ist aber wichtig, weil wir ja nur ein begrenztes Maß an Zeit, Geld und Aufmerksamkeit haben, das wir gerne in die richtigen Sachen stecken würden. Es stellen sich also Fragen wie: Wie viel CO_2 ist denn nun dauerhaft gebunden, wenn man ein Waldstück sich selbst überlässt? Der Trick ist hier im Prinzip, dass von der auf dem Gebiet vorgefundenen Biomasse auf den in ihr gebundenen Kohlenstoff geschlossen wird (zur Umrechnung von Kohlenstoff in CO_2 siehe den Kasten auf S. 72). Hier muss man viel messen, zählen, wiegen und kartieren, denn natürlich steckt nicht in jedem Quadratmeter Natur die gleiche Biomasse. Und man muss ein bisschen in die Zukunft schauen können, denn man prognostiziert ja auch die zukünftige Biomasse auf dieser Fläche. Dennoch: Das lässt sich alles machen.

Richtig schwierig wird es, wenn es darum geht, den Nutzen einer Maßnahme über die CO_2-Bindung hinaus zu bestimmen – also den Zusatznutzen, den Umwelt und Menschen durch mehr Biodiversität und weiteren Ökosystemleistungen erhalten. Dazu fehlen oft klare, gut messbare Einheiten für das, was die Natur schafft. Dennoch gibt es eine Reihe von Studien, die den Wert von Ökosystemleistungen berechnen. Die meist zitierte ist die einer Forschergruppe um den Umweltökonom Robert Costanza, die davon ausgeht, dass die Natur derzeit jährlich Leistungen im Wert von 125 Billionen Dollar bereitstellt.[2] Wie kommen die auf diese Zahl?

Nun, relativ klar ist es dort, wo sich Leistungen von Ökosystemen direkt in marktfähigen Erträgen zeigen, zum Beispiel in Holz, Fischen oder Trinkwasser. Für die gibt es einen Preis – auf dem Weltmarkt, beim Fischhändler oder bei den Stadtwerken.

Manchmal stehen die Leistungen aber nicht für Erträge, sondern für vermiedenen Aufwand oder verhinderte Schäden, also das, was man hätte machen oder zahlen müssen, gäbe es die Ökosystemleistung nicht. Diese »kalkulatorischen Kosten« werden beispielsweise angewandt, um die Küstenschutzfunktion von Mangroven oder Korallenriffen zu berechnen. In beiden Fällen kann man kalkulieren, was es kosten würde, die Leistungen durch technische Lösung wie einen Deich zu ersetzten, beziehungsweise was es kosten würde, die Schäden nach einer Flutkatastrophe zu beheben.

Richtig kompliziert wird es, wenn die Leistung nicht in monetären Werten erfasst oder wenigstens in sie umgerechnet werden kann, sondern in Geld nicht zu ermessen ist. Wie viel ist der Erhalt einer Art wert, wie viel ein Menschenleben? In welcher Einheit soll die Schönheit der Natur zum Ausdruck kommen? Allein mit solchen Berechnungen kann nie der wahre Wert von Biodiversität und Ökosystemleistungen erfasst werden. Daher haben wir es bei den Dollar-Zahlen zu Biodiversität und Ökosystemleistungen bisher vermutlich eher mit starken Untertreibungen zu tun, weil gar nicht alles miteingerechnet wurde – und weil »unbezahlbar« jede Kalkulation sprengt.

Dennoch ist es sinnvoll, mit diesen Zahlen zu arbeiten, denn sie geben der Natur in unserer wirtschaftsgesteuerten Gesellschaft einen Platz am Verhandlungstisch. Wenn wir einmal von der Unvollkommenheit der Umrechnung von Ökosystemleistungen in Geldwerte absehen, dann bleibt noch das Problem der Zurechenbarkeit auf einzelne Maßnahmen. Eine Ökosystemleistung lässt sich nicht beliebig teilen. Es ist wissenschaftlich belegt, dass die Zerstörung der Regenwälder des Kongobeckens zu massiven Ernteausfällen durch Regenmangel in Europa führen würde. Der monetäre Wert für die Ernteausfälle fließt also in die Berechnung der Ökosystemleistung des Kongo-Regenwaldes als Ganzes ein. Aber welchen Anteil davon würde man auf ein Projekt rechnen, das nur einen Teil des Waldes schützt oder nur einen Teil davon abholzen will? Wir können diesen Wert nicht einfach durch die Quadratmeter teilen und jeder Einheit den gleichen Wert zumessen, weil nicht »ein 315tel Zerstörung« zu exakt »ein 315tel Regenverlust« führt (wir erinnern uns an die Kipppunkte aus Kapitel 4).

Abgesehen davon sind Schutzmaßnahmen oft in einem größeren Zusammenhang zu betrachten. Geschützte Flächen entwickeln ihr volles Potential an Ökosystemleistungen oft erst, wenn sie in einer Matrix von Flächen eingebunden sind, sodass nicht die gleiche Maßnahme an verschieden Stellen der Welt gleich zu bewerten ist. An der richtigen Stelle kann eine kleine Maßnahme, wie der Schutz einer Fläche, riesige ökologische Effekte haben, wenn sie zum Beispiel als Korridor dient, durch den Tiere wandern und dabei Samen ausbreiten oder Paarungspartner finden können. An anderer, isolierter Stelle wäre ein Stück dieser Größe vermutlich viel unbedeutender.

Schlafende Hunde wecken

Wie schwierig es ist, Mittel für Klimaschutz effizient auszugeben, zeigt sich an dem UN-Programm »REDD« (Reducing Emissions from Deforestation and Forest Degradation), in dem Staaten finanziell dafür entlohnt werden, dass sie Entwaldung in ihren Wäldern stoppen. Ein entscheidendes Kriterium dafür, ob ein Waldschutzprojekt unter den REDD-Mechanismus fällt, ist, dass nachgewiesen werden muss, dass ohne dieses Projekt Wald zerstört würde und so zusätzliche CO_2-Emissionen anfallen würden. Der Hintergrund dieser Klausel ist, dass die öffentlichen Mittel nur für gefährdete Wälder ausgegeben werden sollten, um einen effizienten Mitteleinsatz zu gewährleisten. Auf den ersten Blick nachvollziehbar. Aber auf den zweiten Blick auch fragwürdig. Kritiker monieren, dass dieses Kriterium in einigen Fällen dazu geführt hat, dass überhaupt erst damit angefangen wurde, Waldflächen zu roden, um sich dann in der Folge dafür bezahlen zu lassen, damit aufzuhören. Und umgekehrt, so finden wir zumindest, ist auch zu diskutieren, ob ein Staat, der aus eigenem Antrieb den Erhalt von Waldfläche betreibt, schlechter gestellt werden sollte, als ein Staat, der wertvolle Waldflächen aus kommerziellen Gründen der Rodung preisgibt. Alles nicht so einfach.

Es gibt also verschiedene Aspekte, die das Bewerten einer geplanten Maßnahme schwer machen. Gleichzeitig ist es aber wahnsinnig wichtig zu wissen, was wir mit ihr bewirken, da wir, auch wenn jedes Bisschen geschützte Natur zu begrüßen ist, mit den zur Verfügung stehenden Mitteln und Kapazitäten effizient umgehen müssen. Und natürlich steigt auch die Bereitschaft, für eine Maßnahme zu zahlen, wenn deren Effekt nicht im Ungefähren bleibt, sondern klar umrissen ist.

Bitte lächeln …

Wenn man den Wert eines Ökosystems beziffern will, muss man viel messen und zählen. Zu den Fleißaufgaben vieler Naturschützer zählt, durch tagelanges, oft monatelanges Beobachten das Arteninventar in einem Gebiet zu kartieren. Wenn es sich um besonders seltene Tiere handelt, werden dazu oft Kamerafallen aufgestellt, die bei Bewegung auslösen. Dabei entstehen manchmal sehr nette Momentaufnahmen wie diese eines schwarzen Jaguars *(Panthera onca)*.

Nehmen wir aber mal an, es gelingt, den monetären Wert und die Wirkung einer Maßnahme zu berechnen. Dann ist es genauso wichtig zu überwachen, ob die Maßnahme wie geplant durchgeführt wird, dauerhaft besteht und am Ende tatsächlich den erhofften Effekt hat. Dies erfordert ein gründliches und langfristiges Monitoring. Das ist in vielen Fällen gar nicht so einfach, wenn man beispielsweise riesige Waldflächen vor illegalem Einschlag schützen soll oder die

Populationsentwicklung scheuer und seltener Tiere kontrollieren muss. Manchmal sind auch die Erhebungsmethoden kompliziert oder mit hohem technischem und administrativem Aufwand verbunden. Trotzdem ist das solide Monitoring umgesetzter Projekte von zentraler Bedeutung, da wir nur so abschätzen können, ob wir bei unserem Rennen um die Biodiversitäts- und Klimaziele auf dem richtigen Weg sind.

Zu Risiken und Nebenwirkungen

Nicht vergessen darf man, dass nicht alles, was im Sinne der Gemeinschaft gut wäre, auch von jedem einzelnen mit offenen Armen empfangen wird.

Wenn wir degradierte Flächen renaturieren oder Tiere schützen wollen, brauchen wir Flächen, die andernfalls unter Umständen

Erhaben – aber im eigenen Garten ein Problem

landwirtschaftlich genutzt werden könnten. Dann gibt es leider eine Flächenkonkurrenz zwischen den Naturschutzprojekten und der Nahrungsmittelproduktion. Und da kann das, was im Sinne aller ist (Schutz von Biodiversität und Ökosystemleistungen sowie Stabilisierung unseres Klimas), lokal für Einzelne mit großen Problemen verbunden sein.

Da stellt sich dann vielleicht die Frage, ob der Schutz von bedrohten Elefanten höher zu bewerten ist als der Totalverlust einer Ernte von Kleinbauern. Oder ob ein Bauernbetrieb hinnehmen muss, dass er seine Wiesen nicht entwässern darf, weil darunter ein Moor liegt, und er für seine Rinder dann auf eigene Kosten andere Weiden suchen muss. Hier fällt bei gelungenen (!) naturbasierten Lösungen die Entscheidung nicht für den Stärkeren oder den Schnelleren, sondern im Sinne eines gerechten Vorteilsausgleichs für alle. Das kann mühsam sein.

Und dann ist da noch das lästige Geld ...

Was die Sache mit den naturbasierten Lösungen nicht einfacher macht, ist, dass selbst Maßnahmen, die sich langfristig in Cent und Euro auf einem Konto niederschlagen, anfangs mehr kosten, als mit ihnen zu verdienen ist. Eine zu regenerierende Waldfläche braucht Jahrzehnte, bis auf ihr Bäume stehen, mit denen man Geld durch nachhaltige Nutzung verdienen kann. Auch eine degradierte landwirtschaftliche Fläche muss gegebenenfalls über einen längeren Zeitraum renaturiert werden, bevor auf ihr wieder ordentliche Erträge generiert werden können. Auch ein frisch angelegter Mangrovengürtel braucht einige Jahre, bevor er der nachhaltigen Garnelenzucht oder einem effektiven Küstenschutz dienen kann. Das heißt, diese Projekte müssen vorfinanziert werden, und zwar teilweise über längere Zeiträume, als es normale Investoren gewohnt sind. Insbesondere institutionelle Investor*innen, also Banken oder Investmentfonds, sind zudem in der Regel auf der Suche nach großen Anlagemöglichkeiten, suchen also nicht 100 Projekte mit 10.000 Euro Anlage, sondern lieber 10 Projekte mit 100.000 oder sogar 1 Million Euro. Viele vielversprechende Projekte fangen aber auf überschaubarer lokaler Ebene an. Akteure, die diese Vielzahl an kleinen und mittelgroßen Initiativen zusammenfassen beziehungsweise deren Potenzial erkennen und in größere Dimensionen heben, gibt es bisher wenige.

Dazu gibt es Leistungen aus dem Schutz oder der Restauration von Ökosystemen, die sich gar nicht in Kapitalströme für private Inverstoren umwandeln lassen. Sichere Ernährung, mehr Biodiversität und Gesundheit durch Agroforstwirtschaft (Vielfalt an Nahrungsmitteln, sauberes Trinkwasser, weniger Gifte durch Dünger und Pestizide) kommen der lokalen Bevölkerung und der Allgemeinheit zugute, aber nicht in jedem Fall privaten Geldgebern.

Ohne Rücksicht auf Verluste

Ölkonzerne planen oder tätigen derzeit riesige Investitionen in die Erschließung neuer Förderstätten. In diesen Quellen lagern Ölvorkommen, die, wenn tatsächlich genutzt, ein Erreichen unserer gemeinsam gesteckten Klimaziele schlicht unmöglich machen. Da die Konzerne offensichtlich davon ausgehen, dass sich die hohen Investitionen bezahlt machen (sonst würden sie sie nicht tätigen), scheinen sie darauf zu wetten, dass die internationale Klimapolitik und die Entwicklung neuer Technologien es nicht schaffen, den Absatz dieser Ölmengen zu verhindern. In dem Fall verdienen die Konzerne an dem Öl, aber für die Klimakatastrophe zahlen wir alle. Das Perfide: Wenn die Gemeinschaft die Nutzung des Öls verhindert, dann werden diese Investitionen zu Fehlinvestitionen und die Konzerne machen riesige Verluste – auf Kosten von Mitarbeitern, Geldgebern und Steuerzahlern. Und wird die Nutzung des Öls nicht verhindert ... das wollen wir uns gar nicht ausmalen!

In der Finanzwelt steht die Investition in naturbasierte Lösungen immer konventionellen Investitionsmöglichkeiten gegenüber, für die bisher keine wahre Vollkostenrechnung gemacht werden muss. Das wäre aber sehr sinnvoll, um Vergleichbarkeit herzustellen und schädliche Investitionen herunterzufahren. Ein großer Teil der Leistungen der Natur sind sogenannte öffentliche Güter (manchmal auch

»Almende« genannt), wie Trinkwasser, saubere Luft, intakte Fischbestände. Sie sind frei zugänglich, aber nicht unerschöpflich. Bisher muss, wer Luft verschmutzt, die Atmosphäre mit CO_2 belastet oder Fischbestände übernutzt, in der Regel nicht zahlen, obwohl sein Verhalten der Allgemeinheit schadet. Man spricht hier von »externalisierten Kosten«, also Kosten, die auf die Gemeinschaft verlagert werden. Für die Zerstörung von Regenwäldern oder Mooren zahlen wir alle – über die Effekte des Klimawandels und des Verlusts von Ökosystemleistungen –, das Geld mit der Zerstörung dieser Ökosysteme verdienen aber nur wenige. Die Wirtschaftswissenschaften nennen diese absurde Situation das »Problem öffentlicher Güter« oder auch die »Tragödie der Almende« (engl. *Tragedy of the Commons*). Diese Externalisierung von Kosten verzerrt den wirtschaftlichen Anreiz für private Investitionen, naturschützende Projekte sind dadurch im Vergleich weniger lukrativ auf dem Finanzmarkt.

Wenn der Markt keine ausreichenden oder sogar falsche Signale setzt, versuchen Staaten üblicherweise, mit Subventionen gesellschaftlich gewünschtes Verhalten zu fördern. Schauen wir uns die Subventionsrealität an, dann scheinen Klima- und Naturschutz jedoch nicht überall als gesellschaftlich wünschenswertes Verhalten angesehen zu werden, denn noch gibt es jede Menge Subventionen für nicht nachhaltige, umweltschädliche Geschäftsmodelle.

Eine Studie über die globale Subventionspraxis kam zu dem Ergebnis, dass jährlich mindestens 1,8 Billionen US-Dollar weltweit an Fördermitteln für Aktivitäten gezahlt werden, die die Übernutzung natürlicher Ressourcen beziehungsweise die Zerstörung von Ökosystemen befördern.[3] Hierunter fallen zum Beispiel Subventionen für die Kohleindustrie, die konventionelle Landwirtschaft oder den industriellen Fischfang. Alles Aktivitäten, die unsere Lebensgrundlage schädigen. Konkurrieren nachhaltige Nutzungsmodelle von Ökosystemen mit hoch subventionierten konventionellen Formen der Nutzung um Wirtschaftlichkeit, haben naturbasierte Lösungen leider schlechte Karten.

Perverse Subventionen

Als »perverse Subventionen« werden staatliche Unterstützungen für Aktivitäten bezeichnet, die anerkannten Umwelt- und Sozialzielen entgegenstehen. Bezahlt wird in einem Ministerium also, was im anderen bekämpft wird. Besonders dramatisch ist das in der industriellen Fischerei. Obwohl nach Angaben der Ernährungs- und Landwirtschaftsorganisation der Vereinten Nationen (Food and Agriculture Organization FAO) 93 Prozent aller marinen Fischbestände maximal befischt oder sogar überfischt sind, wird Fischerei weltweit mit etwa 35 Milliarden US-Dollar subventioniert. Somit stammt mehr als ein Fünftel des Gesamtumsatzes von 146 Milliarden aus Subventionen. Wissenschaftlichen Studien nach gehen mehr als 84 Prozent dieser Subventionen direkt an große Industriebetriebe, die die Haupttreiber der Überfischung sind. Rund 90 Prozent der Subventionen gehen an die Akteure, die schon heute aufgrund zu großer Fischereikapazitäten den ökologischen Kollaps der Weltmeere vorantreiben. Obwohl kleine Fischereibetriebe 44 Prozent der Arbeitsplätze in dem Sektor stellen und alleine schon durch die geringeren Fangkapazitäten nachhaltiger fischen, gehen nur 16 Prozent der Subventionen an sie.[4] Da der Fischbestand entscheidend für die Bekämpfung des Klimawandels ist (siehe Kapitel 5), ist das mehr als bedenklich.

All das führt dazu, dass für private Investoren konventionelle Geschäfte auf dem Papier deutlich reizvoller aussehen, auch wenn diese Klima und Biodiversität belasten und ihnen die Wirtschaftlichkeit hinter dem Modell »Ökosystemschutz« manchmal ein Rätsel ist.

Auch darum sind naturbasierte Lösungen bisher überwiegend öffentlich finanziert. Eine aktuelle Studie des Umweltprogramms der Vereinten Nationen zum Zustand der Finanzierung von naturbasierten Lösungen geht allerdings davon aus, dass die heute weltweiten Ausgaben dafür von 133 Milliarden US-Dollar jährlich bis 2030 mindestens verdreifacht werden müssten, um den Kohlenstoffkreislauf wieder in Ordnung zu bringen, bis 2050 sogar vervierfacht.[5] Nur mit öffentlichen Investitionen wird das nicht klappen.

Die Welt der Klimazertifikate

Die gute Nachricht ist, dass da draußen eine riesige Menge Geld darauf wartet, investiert zu werden. Die Nachfrage nach nachhaltigen Investments ist in den letzten Jahren enorm gestiegen. Finanzinstitute, institutionelle Anleger, Vermögensverwalter, Versicherer: Sie alle sind mehr und mehr auf der Suche nach Anlageformen und Projekten, die einen »grünen« Business Case aufweisen.

»Klimaneutral« scheint dabei das Gebot der Stunde zu sein. Egal ob aus einem Gefühl der Verantwortung heraus oder weil die Konsumenten es erwarten – kaum ein Unternehmen hat sich nicht vorgenommen, in naher Zukunft klimaneutral zu sein. Klingt erstmal gut. Es bedeutet: Für alle in einem Betrieb verursachten Emissionen müssen an anderer Stelle entsprechende Mengen Emissionen eingespart werden – »schlechtes Verhalten« soll so wiedergutgemacht, also kompensiert werden. Es verwundert nicht, dass dafür insbesondere die Fähigkeit der Natur, durch Photosynthese CO_2 aus der Atmosphäre zu holen und in Biomasse zu binden, stark im Trend liegt.

Ein beliebtes finanztechnisches Instrument, um naturbasierte CO_2-Bindung marktfähig zu machen, sind »Emissionszertifikate«. Wer nachweislich klimaschädliche Gase bindet oder ihre Freisetzung verhindert, kann sich hierfür Zertifikate ausstellen lassen und diese auf dem freiwilligen Emissionsmarkt verkaufen. So kann der Schutz alter Wälder, die Aufforstung zerstörter Flächen oder das Wiedervernässen von Mooren lukrativ werden.

Begonnen hat die Idee des Emissionsmarktes mit den sogenannten »Verschmutzungsrechten«, die das Recht verbriefen, eine bestimmte Menge an Kohlendioxid oder die entsprechende Menge eines anderen Treibhausgases auszustoßen. Die EU gibt jährlich nur eine bestimmte Menge dieser Rechte an Unternehmen aus. Diese Menge reduziert sich jährlich, um auf dem richtigen Pfad für die gewünschte zukünftige Treibhausgaskonzentration zu bleiben. Die Unternehmen dürfen diese Zertifikate handeln, damit die Emissionsreduktionen möglichst effizient umgesetzt werden. Das ist der sogenannte »Cap and Trade«-Mechanismus: Wer weniger Klimagase emittiert als zugestanden, kann diese Verschmutzungsrechte verkaufen. Wer mehr emittiert, muss zukaufen. Die Teilnahme an diesem Markt ist in Deutschland für Unternehmen, die große Energie- und Industrieanlagen betreiben, sowie für den Flugverkehr innerhalb der EU verpflichtend – sie alle bekommen jährlich Kohlenstoffzertifikate und müssen sich an deren Limitierungen halten oder weitere Zertifikate einkaufen. Der Handel erfolgt an offiziellen Börsen, in denen sich täglich ein Marktpreis einstellt.

Auch der Flugverkehr innerhalb der EU ist zur Teilnahme am Emissionsmarkt verpflichtet.

Von der Verpflichtung ausgenommen sind alle anderen Unternehmen, Vereine oder auch Privatpersonen. Sie alle können aber, etwa um die eigene CO_2-Bilanz zu verbessern, Zertifikate auf dem freiwilligen Markt erstehen, die von verschiedenen Anbietern als Beleg für aktiv vermiedene CO_2-Emissionen ausgestellt werden. Die Qualität und der Preis dieser Zertifikate hängen von verschiedenen Faktoren ab – wobei diese beiden Aspekte nicht unbedingt miteinander korrelieren. Hochwertige Zertifikate folgen den Kriterien eines anerkannten Standards und belegen die zusätzliche, langfristige Bindung von Kohlenstoff transparent und wissenschaftlich abgesichert. Dabei ist jedes generierte Zertifikat in einem Register notiert. Nach dem Verkauf wird es dort als »stillgelegt« geführt, um zu verhindern, dass ein Zertifikat mehrfach gehandelt wird. Anerkannte Standards für den freiwilligen Markt sind unter anderem der Goldstandard und der Verified Carbon Standard (VERRA). Auf dem freiwilligen Markt gibt es aber nicht nur Zertifikate, die auf CO_2-Bindung ausgelegt sind – einige bestätigen auch positive Effekte beispielsweise auf Biodiversität und lokale Gemeinschaften. Zu ihnen gehört etwa der Climate, Community & Biodiversity Standard. Umfassende Information hierzu stellt das Umweltbundesamt zur Verfügung. Im Prinzip kann auf dem freiwilligen Markt aber alles verkauft werden, wofür jemand bereit ist zu zahlen.

Kritiker sehen in der Möglichkeit solcher Kompensationen die große Gefahr, dass von unserer eigentlichen Verantwortung, nämlich Emissionen zu vermeiden, abgelenkt wird. Der Gedanke, verursachte Emissionen einfach wiedergutzumachen, indem man sich freikauft, ist sehr verlockend, weil er uns davon befreit, liebe Gewohnheiten aufzugeben. Wie ein Ablasshandel. Wer es sich leisten kann, seine Emissionen durch CO_2-Zertifikate zu kompensieren, so die Befürchtung, braucht sich keine Mühe zu geben, sein Geschäftsmodell (oder seinen Lebenswandel) zu verändern, um CO_2-Emissionen zu vermeiden und sein Handeln am Ende wirklich zu »dekarbonisieren«.

Weil das gute Gewissen sich prima vermarkten lässt, boomt der Markt für Zertifikate und damit auch Angebote windiger Geschäftemacher. Eine kritische Überprüfung durch ein unabhängiges Forschungsteam hat 2021 ergeben, dass viele Kohlenstoffzertifikate gar nicht auf zusätzlichen Anstrengungen und Maßnahmen für die Bindung von mehr Klimagasen basieren, sondern aus Projekten generiert werden, die ohnehin umgesetzt werden sollten. In der Fachsprache heißt das, ihnen fehlt die Additionalität. Für mehr als die Hälfte der generierten Kohlenstoffzertifikate, die die Expert*innen für ihre Studie untersucht haben, galt dieses ernüchternde Urteil.[6] Von fehlender

Additionalität spricht man auch, wenn Zertifikate in geschützten Gebieten generiert werden, deren Status eine zerstörerische Nutzung ohnehin verbietet. Eigentlich dürften solche Zertifikate gar nicht auf den Markt kommen.

Dumm läuft es auch, wenn Kohlenstoff in den zertifizierten Projekten nur sehr kurz gespeichert wird. Gerade bei den von vielen Unternehmen so begeistert kommunizierten Baumpflanzungsaktionen ist oft die Dauerhaftigkeit der CO_2-Speichermaßnahme nicht sichergestellt, weil Pflanzungen die ersten Jahre nicht überleben und die erwartete Kohlenstoffbindung viel zu hoch kalkuliert wurde. All dies wiegt uns dann in einem völlig falschen Gefühl darüber, wie klimaverantwortlich wir uns verhalten, während der CO_2-Gehalt der Atmosphäre steigt und steigt und steigt.

Das alles ist problematisch, spricht aber nicht gegen Kompensation und Kohlenstoffzertifikate an sich. Im Gegenteil: Erst das System der Zertifikate eröffnet die Option der Investition in intakte Natur und die Regeneration von Ökosystemen. Es ist eine interessante (ökonomische) Alternative zur klassischen Spende. Wir brauchen jedoch dringend transparente, ehrliche Zertifikate, die keine Augenwischerei betreiben. Und wir brauchen richtig viele, richtig gute Projekte zur Renaturierung und vor allem zum Schutz intakter Ökosysteme, nicht nur riesige, übers Knie gebrochene Monokulturanpflanzungen irgendwelcher Bäume.

Fassen wir nochmal zusammen: Um den Kampf gegen Klimawandel und seine Folgen zu gewinnen, brauchen wir die Hilfe der Natur. Was uns vom Einsatz naturbasierter Lösungen abhält, ist zum einen das noch fehlende Wissen über ihre Werte und ihre Wirkungen und zum anderen erhebliche wettbewerbsverzerrende Nachteile beim wirtschaftlichen Vergleich mit konventionellen, schädlichen Maßnahmen. Wer an der stärkeren Umsetzung von naturbasierten Lösungen arbeiten möchte – Regierungen, Finanzinstitute, Umweltschutzorganisationen oder Privatinvestoren –, der muss an der Beseitigung dieser Hindernisse arbeiten, damit Akteure den Wert der Natur anerkennen und richtig bewerten.

Dreimal Gold für Kenia!

Jetzt aber genug der mahnenden Worte und der Zauderei. Wir wollen nicht nur darüber sprechen, wie schwierig und vertrackt Dinge sind, sondern darüber, wie es gehen kann. Dafür gibt es nämlich einige wirklich kluge, engagierte und vielversprechende Beispiele. Übrigens ist nicht alles, was irgendwie mit einer Pflanze oder einem Tier zu tun hat, automatisch eine naturbasierte Lösung. Klimaschutzmaßnahmen müssen mit Biodiversitätsschutz vereinbar sein und dabei auch die Interessen und das Wohl der (lokalen) Bevölkerung stärken, um diesen Titel zu bekommen. So steht es in den Definitionen der Vereinten Nationen und nur so macht es Sinn. Sie können dabei ganz unterschiedlicher Art und Größe sein. So zählt die Entsiegelung eines Parkplatzes genauso zu den naturbasierten Lösungen wie die Umwandlung großer Blöcke intakter Ökosysteme in Schutzgebiete. Allen Ansätzen ist gemein, dass sie helfen, nicht nur unsere jetzigen Emissionen, sondern unsere Kohlenstoffschuld insgesamt zu tilgen, damit wir das 1,5-Grad-Ziel vielleicht doch noch erreichen.

Beginnen wir mit der momentan wohl populärsten Art der naturbasierten Lösung, dem Aufforsten. Wir haben viel darüber gesprochen, unter welchen Bedingungen »Bäume pflanzen« einen sinnvollen Beitrag gegen Klimawandel und für den Schutz vor seinen Folgen leistet. Wie das umgesetzt und in seriöse Zertifikate überführt werden kann, zeigt das Internationale Kleingruppen- und Baumpflanzungsprogramm (engl. *The International Small Group and Tree Planting Program*, TIST). Es ist ein kombiniertes Wiederaufforstungs- und nachhaltiges Entwicklungsprojekt in Kenia, Uganda, Tansania und Indien, das seit 1999 von Subsistenzbauern durchgeführt wird.

Über 137.000 Teilnehmer in Ostafrika und Indien pflanzen und pflegen dort auf über 52.000 Hektar renaturierter Flächen verschiedene Baumarten, darunter die Meru-Eiche (Vitex keniensis), eine bedrohte Baumart, die nur im kenianischen Hochland vorkommt. Auch viele andere seltene und bedrohte Tier- und Pflanzenarten finden auf den Flächen eine neue Heimat. Alle Bäume werden klimafreundlich und ohne den Einsatz von Fahrzeugen gepflanzt. Durch eine entsprechende Pflege haben die Anpflanzungen eine hohe Übereine entsprechende Pflege haben die Anpflanzungen eine hohe Überlebensrate. Für die Auswahl der Baumarten sind die Landwirte verantwortlich. Sie sammeln das notwendige Saatgut vor Ort, pflanzen es ein und werden für jedes Jahr, in dem die Bäume leben, bezahlt. Nicht einheimische Arten wie Eucalyptus grandis, der in Kenia wegen seines schnellen Wachstums beliebt ist, können ebenfalls gepflanzt werden, werden aber vom Projekt weder bezahlt noch als Projektbäume gezählt. Durch Schulungen fördert das Programm einheimische, aber schnell wachsende Arten anstelle von Eukalyptus.

Zusätzliche Bildungsmaßnahmen fördern das Verständnis für die Bedeutung von Biodiversität und Ökosystemleistungen. Ein besonderer Schwerpunkt liegt auf der Aufforstung von Hängen und entlang von Gewässern, um den Schutz vor Erosion zu fördern. Die Landwirt*innen bleiben Eigentümer*innen der Bäume und ihrer Produkte, wie Nüsse oder Früchte, sodass ein langfristiger Anreiz besteht, die Bäume zu erhalten. Außerdem erhalten sie einen Teil des Erlöses aus dem Verkauf von Kohlenstoffzertifikaten, die natürlich auch an den Erhalt des Waldes gebunden sind.

Entscheidungen werden in der Gemeinschaft gefällt.

Bis heute hat das Projekt über 9,3 Millionen Tonnen Kohlenstoff gebunden. Das Projekt ist nach dem Verra-Standard zertifiziert, einem der strengsten Standards in der Szene der CO_2-Zertifikate, und hat außerdem die Triple-Gold-Zertifizierung für außergewöhnliche Vorteile für das Klima, die Gemeinschaft und die biologische Vielfalt erhalten. Zertifikate mit diesem Standard erzielen überdurchschnittliche Preise auf dem Markt und machen diese naturbasierte Maßnahme zu einem Erfolg – für den Klimaschutz, für Ökosysteme und für die Menschen vor Ort.

Wir sind wieder wer! Australische Buckelwale

Wie wir gesehen haben, sind Wale tolle Kohlenstoff-Versenker. Je mehr große Wale es gibt, umso besser also fürs Klima. Vor Beginn des industriellen Walfangs, als Menschen nur ganz selten einen der großen Wale mit Harpunen von kleinen Booten aus erlegen konnten, gab es alleine von den großen Bartenwalarten (Blauwal, Finnwal, Buckel- und Glattwale) mehr als 1,4 Millionen Individuen. 1970 waren von ihnen nur noch weniger als 3 Prozent übrig. Es war nicht mehr viel los da unten in den Meeren.

Augen auf bei der Partnerwahl

Wenn die Party dort unten im Meer erstmal schlecht besucht ist, dann geht so manche(r) Paarungswillige abends allein nach Hause. Da das offensichtlich manchen zu langweilig ist, kommt es inzwischen immer wieder vor, dass Blauwale sich mit Finnwalen paaren. Meist können Hybride selbst nah verwandter Arten aber, so wie Maulesel (Papa Pferd, Mama Esel) oder Maultiere (Papa Esel, Mama Pferd), selbst fast nie fruchtbaren Nachwuchs produzieren. Und so wird es vermutlich auch bei Hybriden aus Finn- und Blauwal sein (zumindest ist bisher nur ein Fall bekannt, bei dem das geklappt hat). Für den Bestand der beiden Arten wäre es also besser, wenn keine Hybride aufträten. Der Meinung sind wohl auch die großen Wale, denn bei entsprechendem Angebot von Paarungspartnern der eigenen Art kamen Hybride aus beiden Arten früher nicht vor.

Eine gute Nachricht für Wal und Wetter kommt jetzt aus Australien. Anfang der 1960er-Jahre waren Buckelwale an der Ostküste Australiens fast ausgerottet, nur noch vereinzelt wurden sie in der Region gesichtet. Das 1986 erlassene internationale Walfangmoratorium und effektive Maßnahmen der australischen Regierung gegen den illegalen Walfang zeigen nun allerdings Wirkung.

Vor Australien wieder auf dem Vormarsch: Buckelwale

Weil die Tiere auf ihren Wanderungen von den nahrungsreichen Gewässern der Antarktis, die sie im Sommer der Südhalbkugel nutzen, zu ihren im Winter genutzten Kinderstuben am Great Barrier Reef nicht mehr bejagt wurden, vermehrten sie sich gut. Während die erste Bestandserfassung im Jahr 1981 auf unter 400 Individuen kam, wurden es mit jeder Zählung mehr. Bei der letzten im Jahr 2015 kam man wieder auf fast 25.000 dieser prächtigen Exemplare. Wissenschaftler*innen sind nun gespannt, wie lange dieses erfreuliche Wachstum noch weitergeht. Entweder ist bald Schluss, weil Nahrung und Platz für mehr Tiere nicht reichen und Geburten und Sterbefälle sich dann die Waage halten, oder das Wachstum geht weiter, weil die zusätzlichen Tiere in andere Meeresregionen abwandern können. Auf jeden Fall machen Buckelwale wieder mehr Wetter als vor 40 Jahren, wegen effektiver und gut eingehaltener Gesetze. So sehen effektive naturbasierte Lösungen von Regierungen aus.

Jetzt ist mal Erholung angesagt – Regeneration von Böden

Nicht nur im Meer down under, auch unter unseren eigenen Füßen gibt es gute Neuigkeiten. Wir haben in Kapitel 5 ja bereits erzählt, was für heldenhafte Kohlenstoffspeicher Böden sind. Fruchtbare Böden sind ein echtes Wunderwerk der Natur. Fruchtbar wird der Boden durch die Arbeit von Mikroorganismen und Kleinstlebewesen wie Pilzen und Bakterien, Würmern und Milben, die organisches Material aus abgestorbenen Tieren und Pflanzen abbauen und die darin befindlichen Nährstoffe anderen Lebewesen wieder verfügbar machen. Weil das ein extrem langsamer Prozess ist, gilt Boden als nicht erneuerbare Ressource.

Bei uns leben unter einem Hektar Fläche etwa 15 Tonnen Bodenlebewesen, so viel wie 20 Kühe wiegen. Eine Handvoll Boden enthält mehr Lebewesen, als Menschen auf unserem Planeten leben. Die Bereitstellung fruchtbarer Böden ist für uns Menschen die wertvollste Ökosystemleistung, weil unsere gesamte Nahrungsmittelproduktion – mit Ausnahme von Meeresfisch – direkt auf fruchtbare Böden angewiesen ist.

Nur mit der »bunten« Vielfalt von Mikroorganismen, Kleinstlebewesen und Pflanzen wird aus »Erde« guter Boden.

Versiegelung und Verdichtung, aber auch der massive Einsatz von Pestiziden und Kunstdüngern schädigt Bodenlebewesen jedoch. Da dem Boden außerdem zunehmend Extremwetterereignisse zusetzen, die Wind- und Wassererosion fördern, schwindet der Boden unter unseren Füßen. Pro Mensch auf der Erde verlieren wir derzeit jedes Jahr mehr als vier Tonnen fruchtbaren Bodens.

Weil vielen Landwirt*innen lange nicht bewusst war, dass intakte Böden ihr wertvollstes Gut sind, Flächen vermeintlich unbegrenzt vorhanden waren und die Agrochemiekonzerne das Blaue vom Himmel versprachen, wenn man sich nur ihrer vielfältigen Produkte bediente, wurden Böden lange stiefmütterlich behandelt und rücksichtslos ausgebeutet. Mittlerweile ist mindestens ein Drittel der Landflächen der Erde mehr oder weniger stark degradiert, also ausgelaugt, erodiert, versalzt und im Ergebnis mehr oder weniger krank.

So schlimm das ist: In diesen Flächen schlummert ein riesiges Potenzial zur Regenerierung, Renaturierung und Kohlenstoffspeicherung. Und damit auch ein großes Potenzial zur dauerhaften Produktion großer Mengen gesünderer Lebensmittel bei gleichzeitig niedrigeren Produktionskosten.

Hier weht ein scharfer Wind

Was Erosion heißt, mussten in den 1930er-Jahren weite Teile der sogenannten Great Plains östlich der Rocky Mountains in Nordamerika bitter erfahren. Die ehemals weiten Präriegraslandschaften waren schon lange zugunsten des Anbaus von Weizen zerstört worden. Als die Great Plains zwischen 1935 und 1938 von einer Dürreperiode heimgesucht wurden, trockneten die über weite Zeit des Jahres brachen Ackerflächen so stark aus, dass einsetzende Winde zu verheerenden Sandstürmen, den »Dustbowls«, führten. Was im Vergleich zu Dürren früherer Zeiten fehlte, waren das Präriegras, dessen Halme den Staub aufgefangen und dessen tiefe Wurzeln den Boden vor Erosion bewahrt hätten.

»Dustbowl« über Texas 1935

Was wir dazu brauchen, wird von Fachleuten »regenerative Landwirtschaft« genannt. Die Ernährungs- und Landwirtschaftsorganisation der Vereinten Nationen definiert regenerative Landwirtschaft als »ein Anbausystem, das eine minimale Bodenstörung (d. h. keine Bodenbearbeitung), die Erhaltung einer dauerhaften Bodenbedeckung und die Diversifizierung der Pflanzenarten fördert. Sie fördert die biologische Vielfalt und die natürlichen biologischen Prozesse über und unter der Bodenoberfläche, die zu einer effizienteren Wasser- und Nährstoffnutzung sowie zu einer verbesserten und nachhaltigen Pflanzenproduktion beitragen«.[7] All diese Maßnahmen dienen dazu, die Fruchtbarkeit der Böden langfristig zu erhalten, ihr Auslaugen, die Versalzung und die Erosion durch Wind und Wasser zu verhindern. Wo Böden bereits degradiert sind, kann regenerative Landwirtschaft dazu beitragen, die Böden wieder gesünder, reicher an Biodiversität und zu besseren Partnern im Umgang mit dem Klimawandel zu machen.

Wie das gehen kann, erfahren Landwirt*innen, die sich in den USA der Initiative der Soil Health Academy angeschlossen haben, um ihr Land nach den Methoden der regenerativen Landwirtschaft zu bewirtschaften.[8] Die Soil Health Academy hat es sich zur Aufgabe gemacht, das Wissen um die Kraft und Funktionsweise gesunder Böden an Landwirt*innen zu vermitteln, die ihre Flächen bisher überwiegend in Monokulturen bewirtschaften und ihre Betriebe trotz massiven Einsatzes von Düngemitteln und Pestiziden nur mithilfe staatlicher Subventionen über Wasser halten können.

Alternativ zum tiefen Pflügen mit großen und schweren Maschinen kommen dort landwirtschaftliche Geräte zum Einsatz, die beim Aussähen auf einem ungepflügten Acker nur eine kleine Furche ziehen, in die eingesät wird. Die Pflanzenreste, die üblicherweise beim Ernten übrig bleiben, verbleiben auf dem Acker. Sie schützen die neue Aussaat vor unnötiger Austrocknung des Bodens und versorgen sie gleichzeitig mit Nährstoffen. Der bereits im Boden gespeicherte Kohlenstoff kommt durch die schonende Methode nicht mit Luftsauerstoff in Verbindung und wird damit auch nicht als CO_2 in die Atmosphäre entlassen.

Gabe Brown, Mitbegründer der regenerativen Landwirtschaft in den USA und Mitglied der Soil Health Academy, rechnet vor, dass viele Landwirt*innen in den USA trotz genmanipulierter Saat, Düngern, Pestiziden und Subventionen weniger als 8 US-Dollar pro Hektar erwirtschaften, während es auf seiner Farm über 240 US-Dollar pro Hektar sind – und das ganz ohne Subventionen.[9] Weniger Kosten für Saatgut, Dünger, Pestizide und Bewässerung bei gleichzeitig höheren Erträgen in besserer Qualität machen eventuelle Mehrkosten an Personal anscheinend mehr als wett. Innerhalb der Landwirtschaft kämen wir zur Finanzierung der naturbasierten Lösung also sogar ohne den Umweg über CO_2-Zertifikate aus, das finanziert sich ganz von alleine. Nicht schlecht!

Eine aktuelle Studie aus England geht davon aus, dass durch langfristige Umstellung auf Bewirtschaftung ohne Umgraben des Bodens (im Englischen verwendet man das Schlagwort »No-till«) im Vergleich zur herkömmlichen Aussaat bis zu 30 Prozent CO_2-Emissionen vermieden werden könnten.[10] Das französische Agrarministerium

Im Schutz der Pflanzenvielfalt kann sich auch der Boden erholen.

rechnete 2015 auf der Pariser Klimakonferenz vor, dass eine weltweite Erhöhung des Kohlenstoffmaterials in den Böden um nur 0,4 Prozent theoretisch den jährlichen CO_2-Emissionen entspräche – diese also mengenmäßig kompensieren könnte. Der hierzu eingereichte Aktionsplan wurde leider von den großen Agrarnationen wie USA, China und Russland nicht unterzeichnet, aber er zeigt, dass das große Potenzial der Böden als CO_2-Senke bereits erkannt wurde. Jetzt muss es nur noch ausgeschöpft werden.

Mit Artenvielfalt zu »weniger ist mehr« – Agroforstsysteme

Die Geschichte der vermeintlichen Effizienz von Monokulturen, die ihren Siegeszug in der industrialisierten Landwirtschaft Europas begann, hat auch die Tropen erreicht, obwohl ihr Einsatz hier besonders unsinnig ist. Die Getreidesorten unserer Breiten sind botanisch gesehen Gräser. Gräser, auch ihre wilden Urformen, kamen schon immer nicht einzeln vor, sondern waren Teil gemischter, offener Grasländer. Sie sortenrein in großen Mengen anzupflanzen, war allerdings eine naheliegende Idee, nicht nur wegen ihrer »geselligen Art«, sondern auch, weil man große Flächen von Getreide prima maschinell ernten kann. Tropische Nutzpflanzen aber, wie Kakao, Kaffee, Avocados, Kokosnüsse, Mangos oder Papayas, sind keine Gräser, sondern Bäume, die ursprünglich in Wäldern gedeihen und nicht auf freiem Feld. Aber auch sie sollten nun gut sortiert in Monokulturen in Reih und Glied stehen, obwohl sie bis heute meist von Hand geerntet werden – der Vorteil dieses Anbaus also sehr gering ist. Die Nebeneffekte dieser Zucht und Ordnung sind jedoch die gleichen wie bei uns: das einseitige Auslaugen der Böden und paradiesische Zustände für Schädlinge und Krankheiten. Die traurige Antwort auf die Degradierung tropischer Ackerflächen, die wegen der dünnen Humusschicht schneller erreicht ist als bei uns, ist das immer neue Roden weiterer Regenwaldflächen.

Die viel schlauere, naturbasierte Lösung ist es, Kakao, Kaffee und Konsorten in gemischten Agroforstsystemen anzubauen, die ihrer Herkunft aus tropischen Wäldern entsprechen. Wie das gehen kann,

Hier steht kein Wald, sondern ein tolles Agroforstsystem.

zeigen die peruanischen Kleinbauernkooperativen APECMU und Chaco Huyanay mit ihrem Partner PERÚ PURO in Deutschland. Die Kleinbauern in diesen Kooperativen haben hochdiverse Mischkulturen errichtet – teilweise auf degradierten Böden, die andere Landwirt*innen verlassen haben. Den Anfang macht dabei das Ansäen von Bodendecker-Pflanzen, die genau wie Erbsen oder Bohnen mithilfe von Knöllchenbakterien an ihren Wurzeln Luftstickstoff binden können. Werden diese Pflanzen am Ende ihres Lebenszyklus in den Boden eingearbeitet, steigt die Lebensqualität von Mikroorganismen, die das Pflanzenmaterial zu fruchtbarem Boden abbauen. In den so aufgewerteten Boden können Nutzpflanzen eingesetzt werden. Je nach Höhenlage sind das Kakaobäume (500 bis 900 Meter über dem Meeresspiegel) oder Kaffeesträucher (über 1.800 Meter über dem Meeresspiegel). Neben diesen »Cashcrops« werden aber auch Nahrungspflanzen für den eigenen Gebrauch und den lokalen Markt angebaut, wie Chili, Ingwer oder Bananen. Zusätzlich werden pro Hektar bis zu 70 verschiedene einheimische Baumarten gepflanzt. Das Ergebnis sieht für einen Laien aus wie ein tropischer Wald.

Für die Kleinbauern hat diese Anbauweise zahlreiche Vorteile. Der Anbau von Kakao und Kaffee in Agroforstsystemen ist weniger arbeitsaufwendig, weil die waldartige Struktur und die Diversität der Pflanzen »Unkräuter« im Zaum halten. Während Kleinbauern in Monokulturen regelmäßig mechanisch oder gar chemisch gegen ungewollten Pflanzenwuchs vorgehen müssen, regeln sich Zuwachs und Absterben von Pflanzen in einem Agroforstsystem von selbst. Weil nicht nur Nutzpflanzen angebaut werden, die auf dem internationalen Markt feilgeboten werden, sondern auch Lebensmittel für den eigenen Gebrauch und den lokalen Markt, sind Ernährung und Einkommen ebenfalls diversifiziert und krisensicher. Unter den aufgeforsteten Bäumen gibt es schnell wachsende Arten, die als Bau- oder Brennholz Verwendung finden, und langsam wachsende Arten, die wie ein natürliches Bankkonto fungieren. Anders als bei der Bank aber mit der Garantie, jedes Jahr auch im Wert zu wachsen.

Vermeintlicher Haken an der Sache: So viele verschiedene Pflanzen lassen weniger Platz für die zentralen Kakao- und Kaffeepflanzen. Der Clou ist aber, dass die Erträge solcher hoch diverser Agroforstsysteme pro Hektar sogar höher sind als die in Monokulturen. Das liegt zum einen an zusätzlichen Erlösen für die »Nebenprodukte«, zum anderen an den höheren Marktpreisen für bessere Qualität. Aber auch, man staune, an höheren Erntemengen, weil Agroforstsysteme den natürlichen Bestäubern, beim Kakao zum Beispiel zwei besonderen Mückenarten, hervorragende Lebensbedingungen bieten. Zudem erhöhen mehr Vögel und Fledermäuse den Druck auf Schädlinge – noch ein Faktor, warum die Erträge höher sind, als in Monokulturen. Obwohl weniger Kakaobäume auf so einer Fläche stehen, ist der Ertrag pro Baum höher. Weniger ist also durchaus mehr!

Der größte Vorteil ist aber, dass die Bodenfruchtbarkeit in den Agroforstsystemen, anders als in Monokulturen, erhalten bleibt und die Flächen so dauerhaft bewirtschaftet werden können. Damit entfällt die »Notwendigkeit«, immer neue Regenwaldflächen zu roden, der Druck auf die intakten Wälder sinkt.

Ich brauche meinen Raum – Deichrückverlegung

Neben solchen großartigen und verblüffend simplen Maßnahmen, um den Klimawandel zu bremsen, gibt es natürlich auch naturbasierte Lösungen, die helfen, mit den Folgen des Klimawandels umzugehen. Etwa mit der Gefahr von Hochwasser und Fluten, auch an unseren heimischen Flüssen.

Die Elbe ist einer der größten Flüsse Deutschlands und gehört zu den 100 längsten Flüssen der Erde. Nicht nur die Metropolen Hamburg und Dresden liegen an ihren Ufern, sondern noch eine Vielzahl anderer Städte und Dörfer. Kein Wunder – hatte die Elbe doch alles, was sich frühe Siedler wünschen konnten. Sie war fischreich, ein guter Transportweg, lieferte Trinkwasser und auf ihren Überschwemmungsflächen fruchtbare Böden. Eigentlich Stoff für eine wunderbare Koexistenz. Allerdings wurde die Elbe auch durch Niederschläge und Schmelzwasser gespeist und Hochwasser daher immer wieder zur existenziellen Bedrohung ihrer menschlichen Anwohner. Schon im 12. Jahrhundert versuchten Menschen daher, die Elbe im Zaum zu halten, und begannen mit dem Deichbau.

Im Laufe der Jahrhunderte entstanden immer mehr, immer bessere Deiche immer näher am Fluss. Von ursprünglich über 6.000 Quadratkilometern Überschwemmungsflächen sind heute nur noch gut 800 Quadratkilometer übrig. Der Fluss verkam von einer Lebensader zu einer Wasserstraße und einer Art gigantischem Abwasserrohr. Hochwasser gab es dennoch immer wieder. Die letzten beiden großen Elbehochwasser im Jahr 2002 und 2013 verursachten Schäden von 11 beziehungsweise 7 Milliarden Euro.

Inzwischen denkt man um und gibt der Elbe durch Deichrückverlegungen wieder mehr Raum, damit bei Hochwasser wieder Flächen überschwemmt werden können, ohne dass Schäden an Menschen oder Material entstehen. Durch diese neu geschaffenen »Retentionsflächen« wird der Abfluss großer Wassermengen kontrolliert: Es wird zunächst viel Wasser aufgenommen und dann nach und nach wieder abgegeben. Nicht nur der Schutz vor zu viel Wasser, sondern auch die Gefahr von zu wenig kann so eingedämmt werden, weil Niederschläge so Zeit haben, zu versickern und Grundwasserspeicher aufzufüllen, anstatt einfach gen Meer zu rauschen. Gerade in Zeiten häufigerer Dürreperioden wird das viel wichtiger werden.

Dem Ingenieur ist nichts zu schwör

Europäische Biber (Castor fiber) sind wie Bisons, Elefanten oder Nilpferde sogenannte »Ökosystem-Ingenieure«. Man bezeichnet diese Tierarten so, weil sie Ökosysteme stark verändern – zum Vorteil anderer Organismen oder ökologischer Prozesse. Fließt einem Biber ein kleiner Fluss zu schnell oder ist der Wasserstand zu niedrig, um seine Burg mit einem anständigen Burgteich zu versehen, baut er einen Damm. Dadurch steigt lokal der Wasserstand, die Fließgeschwindigkeit sinkt. So umgebaut, überschwemmt der Fluss mehr Fläche (gut für Wildpflanzen, die wiederum einen Beitrag zur Wasserreinigung leisten) und es wird mehr Sediment im Gewässer zurückgehalten. Letzteres verhindert die Erosion fruchtbaren Bodens. Wenn es gut läuft, werden sogar bislang voneinander getrennte Gewässer so miteinander verbunden. Das vergrößert den Lebensraum aquatischer Lebewesen und reduziert die Gefahr der Austrocknung. Weil Biber Lebensräume vielfältiger gestalten, steigt die Biodiversität. Insgesamt senken Biber die Auswirkungen von Hoch- und Niedrigwassern. Dem Menschen passt die Architektur der Biber nicht immer, wenn er zum Beispiel Flächen flutet, auf denen Bäuer*innen gern Getreide anbauen würden, aber alle anderen Lebewesen sind definitiv »Team Biber«!

Lebensraumgestalter in Aktion: Der Biber

Das alles kostet Geld, weil größere Baumaßnahmen erforderlich sind und Landbesitzer entschädigt werden müssen, aber es rechnet sich. Alleine an der Mittelelbe stehen Investitionskosten von »nur« 407 Millionen Euro einem Nettonutzen von 1,2 Milliarden Euro gegenüber. Der kommt zustande, weil nicht nur Hochwasserschäden eingespart werden, sondern Überschwemmungsgebiete als Lieferanten weiterer Ökosystemleistungen fungieren, wie der Regulierung des Wasserhaushalts, der Förderung der Selbstreinigung des Flusses, der Bereitstellung von Lebensräumen für Tiere und Pflanzen, aber auch einer Erholungsfunktion für Menschen. Hören wir dann noch auf, die Elbe als Abwasserkanal zu benutzen, kann sie eines Tages vielleicht wieder das werden, was sie mal war: eines von Europas fischreichsten Gewässern.

Green statt Kokain

Ein wunderbares Beispiel dafür, wie sich Städte mit naturbasierten Lösungen an steigende Temperaturen anpassen und noch vieles mehr erreichen können, kommt aus Medellín. Die zweitgrößte Stadt Kolumbiens war lange für zwei Dinge bekannt: Drogenkartelle und ewiger Frühling. Das mit den Drogenkartellen ist zum Glück nicht mehr so, wie es einmal war, das mit dem ewigen Frühling aber leider auch nicht. Das rapide Wachstum der Stadt und der Klimawandel haben zu den klassischen urbanen Hitzeinseln geführt. Bereits 2010 lagen nach Angaben der Stadtverwaltung die Innenstadttemperaturen 6 Grad über normalen Durchschnittstemperaturen.

Die Lösung kam 2017 mit dem »30 Green Corridors«-Programm, bei dem zuvor versiegelte Flächen entlang von 18 Straßen und 12 Wasserläufen begrünt wurden, auf insgesamt mehr als 20 Kilometern und mehr als 70 Hektar.[11] Gepflanzt wurden 8.300 Bäume und über 350.000 Büsche und Sträucher. Drei Jahre nach Projektbeginn konnten Schatten und Verdunstungskühle dieser Pflanzen den Hitzeinseleffekt bereits um 2 Grad senken. Und mit zunehmender Größe der Pflanzen ist da sicher noch mehr zu erwarten.

Aber damit nicht genug: Die Pflanzen nehmen zusätzlich Schadstoffe aus der Luft auf, genau wie CO_2. In der Anfangsphase des Projektes wird kalkuliert, dass mit der neuen Vegetation insgesamt 2.300 Tonnen CO_2 aufgenommen werden können. Das klingt auf den ersten Blick vielleicht nicht unbedingt beeindruckend, aber es handelt sich auch »nur« um einfache Begrünungsmaßnahmen auf 70 Hektar

Medellins grüne Korridore

in einer einzigen Stadt. Allein die Cityregionen der Städte New York, Tokyo, London, Paris dürften sich auf ungefähr eine halbe Million Hektar erstrecken. Und die Liste der Megacities ist extrem lang. Da könnte einiges zusammenkommen.

Die 16,3 Millionen Dollar, die das Projekt in Medellín kostet, stammen aus dem Partizipationsbudget, das nach kolumbianischem Gesetz jede Stadt zur Umsetzung sogenannter demokratisch gewählter Bürgerprojekte bereitstellen muss. Die Idee der grünen Korridore traf auf große Bürgerunterstützung. Für die Errichtung und Pflege dieser Korridore wurden 75 Bewohner*innen aus prekären Lebensverhältnissen zu Stadtgärtner*innen ausgebildet und sind nun Vollzeit im städtischen Dienst angestellt. Für die Korridore wurden sowohl besonders belebte Straßen ausgewählt, die Tausende von Menschen nun im Schatten passieren können, als auch Ecken, die verwahrlost und verlassen waren, beispielsweise in den Stadtschluchten der ärmeren Gegenden. Diese Flächen wurden in Gärten verwandelt. Mit dem Grün kamen Menschen, ganze Familien und anderes Leben zurück. Ein Schub für Medellíns Artenvielfalt und ein enormer Gewinn an Lebensqualität. Vielleicht kommt der Frühling ja zurück …

Wir könnten noch eine ganze Weile mit diesen guten Beispielen naturbasierter Lösungen weitermachen. Das ist die erfreuliche Nachricht: Es gibt schon wirklich viele engagierte Menschen, die sich vor der Krise nicht verstecken und sich von ihr auch nicht lähmen lassen, sondern aktiv werden und Dinge ändern. Wir haben mit den Beispielen bisher vornehmlich auf die eher naturwissenschaftlichen Aspekte geschaut: Wie kann die Kohlenstoffkonzentration in der Atmosphäre begrenzt werden, wie können Temperaturen oder Wassermassen beeinflusst werden? Der Klimawandel hat aber auch erhebliche Auswirkungen auf gesellschaftspolitische Herausforderungen wie soziale Konflikte, Migrationsbewegungen und Einkommensverteilung – und auch hier kann die Natur uns Menschen unterstützen.

Teil III

Die beste Krisenmanagerin

Eigentlich sollte die Natur einen ständigen Sitz im Weltsicherheitsrat haben, denn als wäre das Retten des Klimas und ihre zuverlässige Dienstleistungsmentalität nicht schon heldenhaft genug, schaffen naturbasierte Lösungen Lebensgrundlagen, die Millionen von Menschen neue Perspektiven geben. Sie bieten damit, wonach man auf dem Parkett der großen Diplomatie seit Langem sucht: Wege aus den vielfältigen und drängenden Krisen, vor denen die Weltgemeinschaft steht. Aufbruch in eine bessere Welt erwünscht!

KAPITEL 8

Wenn's knapp wird – Der Kampf um Ressourcen

Bereits 1987 haben die Vereinten Nationen in ihrem Brundtland-Report *Our Common Future*, der als Geburtsstunde der internationalen Diskussion um nachhaltige Entwicklung gilt, auf die mögliche Gefahr gewalttätiger Konflikte aufgrund von Übernutzung natürlicher Ressourcen hingewiesen.[1] Je stärker der Klimawandel in das öffentliche Bewusstsein rückte, desto intensiver wurde die Forschung, vor allem aber die Diskussion um den Zusammenhang zwischen Klimawandel und Konflikten. Sogar von »Klimakriegen« ist manchmal die Rede, gerade mit Blick auf die knapper werdende Ressource Wasser. Auf den ersten Blick scheint dieser Zusammenhang von Klimawandel und Krieg ja auch nicht unlogisch: Steigende Temperaturen führen zu Dürren und verschärfen unweigerlich den Kampf um Wasser und Nahrung. Wo nicht direkt um den Zugang zu Wasser und Boden gestritten und gekämpft wird, wirken die durch die Verknappung steigenden Lebensmittelpreise destabilisierend auf Gesellschaften, sodass auch in urbanen Räumen der Unfrieden wächst und sich in gewaltsamen Konflikten entladen kann.

Brandbeschleuniger

Auch wenn der Zusammenhang zwischen dem Kampf um Ressourcen und gewalttätigen Konflikten naheliegend ist, stützen wissenschaftliche Forschung und Empirie diese These nicht eindeutig, zumindest scheint der Zusammenhang arg verkürzt. Die entscheidende Frage ist nämlich, ob und in welchen Fällen diese Konflikte um knapper werdende Ressourcen tatsächlich zu gewaltsamen Auseinandersetzungen und Krieg führen und wann sie, so ein anderer Diskussionsstrang, sogar friedensstiftend wirken können, wenn nämlich verfeindete Parteien plötzlich merken, dass sie das gleiche Problem quält, und sie an den Verhandlungstisch gezwungen werden.

Eine Gruppe aus renommierten Expert*innen der Klima- und Konfliktforschung hat den Stand der wissenschaftlichen Forschung zu diesem Thema in der führenden Wissenschaftszeitschrift *Nature* vor Kurzem so zusammengefasst: Über das letzte Jahrhundert ist ein Zusammenhang von extremen Klimaverhältnissen und bewaffneten Konflikten festzustellen, allerdings haben andere Faktoren einen wesentlich größeren Einfluss auf das Entstehen von Kriegen. Das sind zum Beispiel die sozioökonomische Entwicklung eines Landes, Ungleichheiten in der Einkommensverteilung, die Funktionsfähigkeit des Staates und seiner Institutionen, aber auch die jüngere Geschichte an kriegerischen Konflikten.[2]

Es leuchtet auch ein, dass Krisen nicht in jedem Umfeld zu Gewalt führen. Denken wir an die Länder der EU, in denen Milliarden bereitgestellt wurden, um Härten der Coronakrise auszugleichen, in denen staatliche Einrichtungen in der Lage sind, bei Wasserknappheit ein Verbot fürs Rasensprengen oder Autowaschen durchzusetzen und es für alles Mögliche solidarische Finanzausgleiche zwischen Mitgliedsländern gibt. Hier funktionieren formale und auch informelle Wege der Konfliktbewältigung, sodass zu hoffen wäre, dass wir im Falle knapper werdender Ressourcen noch lange diskutieren oder uns wenigstens vor Gericht streiten, bevor wir aufeinander losgehen. Während wir dieses Buch schreiben, lässt sich diese These hervorragend in Echtzeit überprüfen, weil Europa eben jetzt durch den Krieg in der Ukraine eine extreme Verknappung von Ressourcen erlebt und sich zeigen wird, wie stark unser Solidargerüst ist. Allerdings ist die heiße (oder kalte) Phase dieser Krise noch nicht erreicht, sodass uns bei »Redaktionsschluss« wohl noch keine Ergebnisse vorliegen werden.

Steigende Temperaturen und verschärfte Wetterextreme sind also nicht unmittelbar oder zwangsweise Auslöser für Kriege, sie wirken eher als »Brandbeschleuniger«, indem sie soziale, wirtschaftliche und ökologische Probleme verschärfen. Treffen sie auf fragile Staaten, in denen ohnehin schon eine unsichere Versorgungslage herrscht oder seit langem Konflikte schwelen, dann kann eine zuvor angespannte Situation schnell eskalieren.

Unter dem Radar

Über Militärausgaben und den Zustand von Streitkräften wird viel diskutiert. Ein blinder Fleck ist aber, welchen Einfluss die Armeen dieser Welt auf Umwelt und Klima haben. Bei militärischen Einsätzen ist die Natur oft ein kollaterales Kriegsopfer. Angriffe auf Ölquellen oder Gaspipelines verseuchen Umwelt und emittieren Unmengen an CO_2. Ökosysteme wie Wälder oder Seen werden bewusst zerstört, um die Versorgung der Bevölkerung im Kriegsgebiet zu schwächen, und explosive Munitionsrückstände kontaminieren Böden und Gewässer.

Selbst in Friedenszeiten braucht ein Leopard-2-Panzer auf Manövern durchschnittlich 400 Liter Kraftstoff pro 100 Kilometer, ein Eurofighter 3.500 Kilogramm Treibstoff pro Flugstunde. Dazu kommen Emissionen für Transport und Versorgung der Truppen. Eine Studie des Conflict and Environment Observatory im Auftrag der Linken im Europaparlament berechnete den CO_2-Fußabdruck des EU-Militärs für 2019 mit etwa 24,8 Millionen Tonnen CO_2-Äquivalent. Das entspricht etwa dem Ausstoß von 14 Millionen Autos.[3] Etwa zeitgleich kam eine Studie der Brown University zu dem Ergebnis, dass das US-Verteidigungsministerium 2017 circa 59 Millionen Tonnen CO_2 verursachte, mehr als Länder wie Finnland, Schweden oder Dänemark.[4]

Möglicher Grund für den Flug unterm Radar: Bisher ist der CO_2-Abdruck des Militärs von Zählungen zum Kyoto-Protokoll oder dem Pariser Klimaabkommen ausgenommen …

Auch der umgekehrte Zusammenhang gilt leider: Regionen, die von Konflikten bestimmt sind, leiden überdurchschnittlich stark an den Folgen von Klimawandel und dem Verlust von Biodiversität und Ökosystemleistungen. Militärische Auseinandersetzungen oder die Bekämpfung von Kriminalität und Terror binden nicht nur finanzielle

Mittel, sondern auch institutionelle Kapazitäten (Polizei, Feuerwehr, Gesundheitssystem etc.), die dann bei der Bekämpfung von Hungersnöten oder Naturkatastrophen fehlen. Hinzu kommt, dass durch bewaffnete Konflikte auch Vegetation und Tierbestände zerstört und damit natürliche Ressourcen über das normale Maß belastet werden (siehe Kasten). So ist es kein Zufall, dass nach Angaben des Internationalen Roten Kreuzes von den 20 Ländern, die als am anfälligsten für die Folgen des Klimawandels gelten, 12 schon lange in einen Konflikt verwickelt sind.[5]

In einem so krisengeschüttelten Umfeld rutschen Menschen auf der Suche nach Einkommensmöglichkeiten vermehrt in kriminelle Milieus. Oft kommt es zu sogenannten »Maladaptionen«, wenn die durch Umweltzerstörung schwindende Lebensgrundlage mit weiteren umweltzerstörenden Praktiken kompensiert wird. So haben sich zum Beispiel in Somalia nach wiederholten Dürren Teile der Hirtengemeinschaften dem illegalen, aber lukrativen Holzkohlehandel verschrieben, der mit der Rodung wertvoller Waldgebiete einhergeht und so das Klima und die Lebensgrundlage lokaler Bevölkerung weiter

Holzkohleproduktion in Afrika: Hier stand einmal Regenwald.

unter Druck setzt. Im schlimmsten Fall treibt es die von Perspektivlosigkeit geprägten Menschen in terroristische Hände, wie die von Boko Haram oder ISIS, die in fragilen Staaten quasi rechtsfrei agieren und immer mehr Menschen rekrutieren. Innerstaatlich schauen wir also auf eine Spirale abwärts, in der der Klimawandel ohnehin angeschlagene Systeme weiter destabilisiert und Gewalt und bewaffnete Auseinandersetzungen befördert.

Da bewegt sich was

Seit Jahrhunderten ergänzten sich in den Sahelländern Niger, Burkina Faso und Mali zwei Produktions- und Lebensformen: der Regenackerfeldbau und die Wanderweidewirtschaft, auch Transhumanz genannt. In der Regenzeit von Mai bis September bestellten die Ackerbäuer*innen im südlichen Sahel ihre Felder, während die Wanderviehzüchter*innen, meist Fulbe und Tuareg, sich weiter im Norden auf ausgedehnten Weideflächen aufhielten, die für Ackerbau zu trocken sind. Nach der Ernte waren sie auf den Ackerfeldern im Süden willkommen, weil ihre Herden die Ernterückstände von den Feldern fraßen und die Felder düngten. Milch und Getreideprodukte konnten ausgetauscht werden. Eine perfekte Symbiose.

Damit die Herden wandern konnten, gab es im gesamten Sahel sogenannte Transhumanz-Korridore, die die Hirten ungehindert durchwandern konnten, Weiden, die als Raststätten dienten, und Wasserstellen für das Vieh.

Dennoch wurde das Nomadentum lange als unproduktives, rückständiges Produktionssystem betrachtet, nicht zuletzt von der internationalen Entwicklungshilfe. Aber vor allem die politischen Eliten vor Ort wollten die sehr unabhängigen, schwer kontrollierbaren Nomadenstämme sesshaft machen. Insofern gab es keine Lobby für das Nomadentum, als Bevölkerungswachstum und zunehmende Degradierung der Böden dazu führten, dass Anbauflächen immer weiter ausgedehnt, Weiden und Passageflächen in Felder umgewandelt und die Bedingungen für wandernde Viehbauern immer schwieriger wurden. Viele gaben auf und wurden sesshaft. Andere ziehen seitdem auf der Suche nach Nahrung für ihr Vieh immer weiter in den Süden bis über die Grenzen nach Nigeria, Benin und Togo. Häufig geraten die Herden auch auf noch nicht geerntete Felder, wo es zu erheblichen Konflikten mit lokalen Behörden, Kommunen und Ackerbäuer*innen kommt.

Wandernde Viehhirten

Gleichzeitig stieg mit den sich ändernden Ernährungsgewohnheiten in den Städten die Nachfrage nach Fleisch und mit ihr die sesshafte Viehwirtschaft – nicht nur auf dem Land, sondern auch in den urbanen Räumen. Das war die Geburtsstunde eines völlig neuen Berufszweiges: dem der Viehfutterhändler*innen, die auf dem Land Viehfutter von den Feldern sammeln und zu den vielen neuen Viehzüchter*innen in die Stadt bringt. Seitdem herrscht ein starker Konkurrenzkampf um die Ernterückstände auf den Feldern. Zwar werden von den örtlichen Behörden Daten festgelegt, ab denen den wandernden Viehhalter*innen Zugang zu den Feldern gewährt wird. Aber diese Daten sind jedes Jahr hochumstritten und immer wieder Anlass für gewalttätige Auseinandersetzungen. Nomaden und Bäuer*innen haben schon immer Waffen getragen, um sich und ihre

Herden zu beschützen. Aber mit den organisierten Bürgerkriegen in diesen Regionen wurden aus den Speeren Schusswaffen.

Seit die Folgen des Klimawandels nicht mehr zu ignorieren sind und die Menschen händeringend nach Möglichkeiten der Klimaanpassung suchen, setzt sich jedoch langsam die Erkenntnis durch, dass die Mobilität der Viehzüchter*innen angesichts der Unberechenbarkeit der Niederschläge im Sahel nicht rückständig ist, sondern hilfreicher Bestandteil einer effizienten, weil sich der Umwelt anpassenden Viehzucht sein könnte. Entwicklungshilfe und nationale Regierungen versuchen zunehmend, die Koexistenz von Nomaden und Sesshaften wieder zu etablieren, die Wanderwirtschaft in ihre Klimaanpassungspläne zu integrieren und so Konflikte zu vermeiden. Anscheinend bewegt sich doch noch etwas ... auf den Weiden und in den Köpfen.

Wasserdruck und Staugefahr

Eine Ressource, die seit Langem Gegenstand der Konfliktforschung ist, ist Wasser. Etwa 2,2 Milliarden Menschen fehlt laut den Vereinten Nationen schon jetzt der Zugang zu sauberem Trinkwasser, und die Versorgung dürfte mit steigender Bevölkerung und steigenden Temperaturen nicht einfacher werden. Zudem ist sie in vielen Ländern gar nicht innerstaatlich sicherbar. Flüsse überschreiten Ländergrenzen, sodass der ökologische Zustand von Wassereinzugsgebieten (Wäldern oder Feuchtgebieten) und das Wasserregime im Oberlauf des Flusses (zum Beispiel das Öffnen und Schließen von Schleusen) Auswirkungen auf die Wasserversorgung von Ländern flussabwärts hat. Und das kann zu ziemlichen, sagen wir mal »diplomatischen Spannungen« führen.

Ein Beispiel ist der Flusslauf des Nils, an dessen beiden Zuläufen (Weißer und Blauer Nil) zehn Anrainerstaaten liegen. Sie alle nutzen sein Wasser für Trinkwasserversorgung, Bewässerung von Feldern und die Energiegewinnung. Bevölkerungswachstum und steigende Temperaturen erhöhen den Druck auf die Ressource Wasser. Immer öfter kommt es daher zu immer größeren Interessenkonflikten.

Die Gruppe der zehn Nil-Länder gründete 1999 die Nile Basin Initiative, um den Dialog und die Zusammenarbeit in Bezug auf die

Lebensader Nil

nachhaltige Nutzung des Flusses zu sichern. Jüngster Grund für Spannungen ist nun fatalerweise ausgerechnet ein Projekt, dass man als Maßnahme gegen den Klimawandel betrachten kann: Der Bau der Grand-Ethiopian-Renaissance-Talsperre, eines riesigen Staudamms auf äthiopischem Gebiet nahe der Grenze zum Sudan. Hinter einer über 1.800 Meter langen Mauer sollen hier im größten Stausee Afrikas 74 Milliarden Kubikmeter Wasser gestaut werden, um Äthiopien mit riesigen Mengen regenerativer Energie zu versorgen. Sudan und Ägypten aber fürchten um ihre Wasserversorgung. Das Konfliktpotenzial ist so groß, dass von ägyptischer Seite anfangs eine militärische Antwort sogar öffentlich diskutiert wurde. Um diesen Militäreinsatz ist es glücklicherweise inzwischen still geworden – vielleicht auch, weil das Projekt seit Baubeginn 2011 von unzähligen internationalen Verhandlungsrunden begleitet wird, unterstützt sowohl von der Afrikanischen Union als auch den Vereinten Nationen. Eine endgültige Lösung ist bis jetzt aber nicht gefunden, obwohl Äthiopien 2021 bereits mit der Stauung von Wasser begonnen hat.

Bisher gibt es keine historischen Beispiele dafür, dass allein der Kampf um geteilte Wasserressourcen zu Kriegen zwischen Staaten geführt hätte. Aber wie sich dies unter dem doppelten Druck von Klimawandel und Bevölkerungsentwicklung in Zukunft verhält, bleibt abzuwarten. Äthiopien hat zwar versichert, dass die Befüllung des Stausees nur in den Regenmonaten vollzogen würde, wenn der Nil genug Wasser für alle führt. Ländern wie Sudan oder Ägypten, deren Wasserversorgung zu 90 Prozent aus dem Nil gespeist wird, genügt diese Versicherung aber nicht. Immerhin wird Äthiopiens gesamte Energieversorgung wesentlich von dem Staudammprojekt abhängen. Sollten in Zukunft ausfallende oder verkürzte Regenzeiten und steigende Verdunstung den Pegel des Stausees deutlich senken, stellt sich die Frage, ob Äthiopiens Regierung sich unter der Gefahr massiver Stromausfälle im eigenen Land an eine solche Vereinbarung gebunden fühlt oder den Hahn doch früher zudreht.

Friedensstifter Klimawandel?

Die Vermutung, dass mit zunehmenden Auswirkungen des Klimawandels auch gewaltsame oder sogar militärische Reaktionen (bewaffnete Aufstände oder Kriege) wahrscheinlicher werden, scheint also nicht abwegig.

Es gibt aber auch Kausalketten, die die gegenteilige Entwicklung vermuten lassen. Eine naheliegende, aber sehr traurige Beobachtung ist die, dass der Kampf mit den Folgen des Klimawandels Bevölkerungsteile oder ganze Staaten so schwächt, dass diese gar nicht die finanziellen und humanitären Kapazitäten haben, um in einen bewaffneten Kampf zu ziehen. Die andere, wesentlich hoffnungsfrohere These ist die, dass ehemals verfeindete Parteien durch den äußeren Druck des Klimawandels und seine negativen Auswirkungen auf die Natur das geteilte Interesse an einer gemeinsamen Lösung erkennen, beispielsweise an dem Schutz eines Ökosystems. So kann durch eine Zusammenarbeit auf unpolitischer Ebene der Boden für gegenseitiges Vertrauen bereitet werden. Eine 2012 veröffentlichte Studie der Norwegian University of Science and Technology kam zum Beispiel zu dem Ergebnis, dass zwischen 1950 und 2012 Katastrophen, vor allem ausgedehnte Dürreperioden, die Gefahr von Bürgerkriegen reduzierten, weil sie die Bevölkerung zusammenrücken ließen und Regierungen die Möglichkeit boten, ihre Kompetenz und Stärke zu beweisen.[6]

Man kann die Frage, ob der Klimawandel Konflikte verschärft oder beruhigt, nicht eindeutig beantworten, aber man kann mit ziemlicher Sicherheit behaupten, dass alles, was die Lebensgrundlagen und Lebensbedingungen von Menschen in einer Region verbessert, sicherlich zum Abbau von Konflikten beiträgt. Und genau hier kommen wir wieder zu den naturbasierten Lösungen.

Das Tolle an diesen Lösungen ist ja gerade ihre Multifunktionalität: Dass sie nicht nur den Klimawandel bekämpfen, sondern Menschen und Gemeinden vor seinen unmittelbaren Gefahren schützen, gleichzeitig Einkommensmöglichkeiten kreieren und damit dauerhaft Lebensgrundlagen sichern. Dies sind zentrale Voraussetzungen für stabile, friedliche Gesellschaften.

Als Symbol für ein friedliches Zusammenleben gibt es schon lange die Idee grenzüberschreitender Nationalparks. Als einer der ersten gilt der Waterton-Glacier International Peace Park, der 1931 als Zeichen für Freundschaft und Frieden den Waterton-Lakes-Nationalpark (Kanada) und den Glacier-Nationalpark (USA) verband. Die Überzeugung, dass Umweltarbeit auch eine aktiv friedensstiftende Komponente innewohnt und sie bewusst für Friedenssicherung eingesetzt werden kann, hat sich mit Beginn der 2000er-Jahre unter dem englischen Begriff »Environmental Peacebuilding« etabliert.

Zum Einsatz kommt dieses Prinzip sowohl zur Moderation angespannter Situationen als auch nach Abschluss von Friedensverhandlungen. Diese Nachkriegsphasen sind besonders instabil: Laut einer Weltbankstudie von 2003 überstanden 50 Prozent aller (bis dahin untersuchten) Friedensprozesse die ersten 10 Jahre nicht. Vor allem in Bürgerkriegssituationen entsteht nach Friedensvereinbarungen häufig ein Machtvakuum, in das kriminelle Gruppen stoßen und dort neue, informelle, oft illegale Geschäftsmodelle aufbauen. Auch internationale Konzerne nutzen die unstrukturierten Zustände, in denen Devisen willkommen sind, um Zugriff auf Land zu sichern. Frieden ist eben nicht nur die Abwesenheit von Krieg, sondern das Vorhandensein von stabilen Strukturen, in denen sich wirtschaftliche Perspektiven für die Bevölkerung auftun. Die Friedensforschung nennt das »positiven Frieden«. Genau hier können naturbasierte Lösungen Enormes bewirken.

Leoparden statt Landminen

Der Kavango-Zambezi-Schutzgebietskomplex ist Afrikas größter Schutzgebietsverbund. Er erstreckt sich über die Länder Angola, Botswana, Namibia, Sambia und Simbabwe und umfasst eine Fläche von 520.000 Quadratkilometern, mehr als Deutschland und Österreich zusammen. Hier sind die »Big Five« zu Hause: Elefanten, Leoparden, Nashörner, Büffel und Löwen. Mehr als die Hälfte aller Savannenelefanten der Welt leben in diesem Gebiet.

Entspannung, nicht nur an der Front

Die Vision der beteiligten Staaten ist die Schaffung eines grenzüberschreitenden Schutzgebietes, das die komplexen Ökosysteme ebenso schützt wie die kulturellen Stätten und den Menschen vor Ort die Möglichkeit erfolgreicher sozioökonomischer Entwicklung gibt. Wo einst menschenverachtende (Kolonial-)Regime ihr Unwesen trieben, Bürgerkriege tobten und bittere Armut herrschte, soll nun, gefördert auch mit deutschen Finanzmitteln, ein gemeinsam abgestimmtes Management Natur schützen und das Wohlergehen von Menschen fördern. Insgesamt arbeiten 70 Projekte mit 40 Kooperationspartnern in den Bereichen Biodiversität, Landnutzungswandel und sozioökonomische Bedingungen. Dazu wurde ein Wirkungsmonitoring entwickelt, das sicherstellen soll, dass alle Maßnahmen auch wirklich positive Effekte erzielen.

Eine interessante Studie zur Wirkung von »Environmental Peace«-Projekten hat jüngst eine Reihe von Landnutzungsänderungen in der Region Caquetá in Kolumbien untersucht.[7] Diese Region war bis zum Friedensabkommen 2016 stark von der Guerrillagruppe FARC *(Fuerzas Armadas Revolucionarias de Colombia)* beeinflusst und spielt mit ihrer Lage im Amazonasgebiet eine wichtige Rolle im Kampf gegen Klimawandel. In dieser instabilen, durch nicht nachhaltige Landnutzung (Entwaldung riesiger Gebiete zum Beispiel für Viehzucht, Kokainproduktion und Tagebau) geprägten Region bieten naturbasierte Lösungen, in diesem Fall vornehmlich der nachhaltige Umbau der Landwirtschaft und eine veränderte Landnutzung, vielfältige Chancen, die einen positiven Frieden stiften. Die in zahlreichen Interviews mit Beteiligten als am wichtigsten befundenen Maßnahmen sind:

- die Sicherung von Einkommensmöglichkeiten und Lebensgrundlagen,
- das Schaffen von Vertrauen und Aussöhnung durch Kooperation,
- die Etablierung von Lenkungs- und Dialogstrukturen auf lokaler und nationaler Ebene,
- der Aufbau von Wissen und Kapazitäten zu nachhaltiger Landnutzung und zu Konfliktbewältigung,
- die Ermöglichung von Beteiligung und Eigentum.

Die Chance, auf fruchtbarem Land für den eigenen Lebensunterhalt zu sorgen, gibt Sicherheit. Nicht umsonst wählen laut Erhebung der Vereinten Nationen 50 Prozent der ehemaligen Kämpfer*innen, die an Re-Integrationsprogrammen teilnehmen, speziell landwirtschaftliche Projekte, um ihren Weg zurück in die Gesellschaft zu finden. Wo die lokale Bevölkerung die Möglichkeit hat, durch den Schutz von Ökosystemen CO_2-Zertifikate zu generieren und durch nachhaltige Nutzungskonzepte und nachhaltige Anbaumethoden die eigene Versorgung sicherzustellen, da entstehen Perspektiven und die Zusammenarbeit schafft Vertrauen. Beides ist nötig, um friedlich zusammenzuleben.

Es gibt bisher wenige Studien zu den friedensstiftenden Eigenschaften von naturbasierten Lösungen. Der statistisch signifikante Beweis ihrer Wirksamkeit ist sicher empirisch nicht leicht zu führen, weil eine Vielzahl von Einflussfaktoren auf die Friedenssituation wirken.[8] Bis aber das Gegenteil bewiesen ist, finden wir die Logik hinter dem Argument so stark, dass wir in dieser Frage behaupten: *Nature to the rescue!*

ഷാപ്പിലെ കറിയും
രുചിയും

KAPITEL 9

Wenn's einfach nicht mehr geht – Menschen auf der Flucht

Wir haben bereits mehrfach angedeutet, dass Menschen oft ihre Heimat verlassen (müssen), wenn ein sicheres Leben vor Ort nicht mehr möglich ist. Schauen wir uns diese Zusammenhänge vor dem Hintergrund des Klimawandels einmal genauer an.

Für Menschen, die ihrer eigenen Heimat entfliehen, gibt es eine Menge Bezeichnungen: Flüchtlinge, Migrant*innen, Asylsuchende, (Binnen-)Vertriebene.

Ein *Flüchtling* ist laut Artikel 1A der Genfer Flüchtlingskonvention eine Person, die »aus der begründeten Furcht vor Verfolgung wegen ihrer Rasse, Religion, Nationalität, Zugehörigkeit zu einer bestimmten sozialen Gruppe oder wegen ihrer politischen Überzeugung« in ihrem Heimatland keinen Schutz erfährt und darum in ein anderes Land flieht.

In diesem aufnehmenden Land kann der Flüchtling dann Asyl beantragen und wird hier zum *Asylsuchenden*.

Als *Migrant*in* wird dagegen ein Mensch bezeichnet, der auf der Suche nach besseren Lebensperspektiven aus eigenem Antrieb seine Heimat verlässt. Wir würden bei dem Terminus »aus eigenem Antrieb« gern ein »mehr oder weniger« einfügen, denn ob ein Mensch nach einer Flutkatastrophe unbedingt freiwillig seine Heimat verlässt – oder wenn ein bewaffneter Kampf zwischen Banden seine Kinder auf dem Schulweg gefährdet –, ist fraglich. Als Flüchtling gilt er trotzdem nicht, er ist Migrant*in, genau wie rein formal alle freiwilligen Auswanderer und Auswanderinnen (so wird man bezeichnet, wenn man sich sein Zielland vorher genau ausgesucht hat und nur dorthin geht, wo man schon vor Ankunft ein Aufenthaltsrecht erhalten hat). Das Völkerrecht macht einen ganz klaren Unterschied zwischen Migrant*innen und Flüchtlingen: Migrant*innen fallen nicht unter das internationale Flüchtlingsschutzsystem.

Und noch eine wichtige Unterscheidung gibt es: Nicht jede Person, die ihre Heimat verlassen muss, überquert dabei Grenzen. Bleibt sie in ihrem eigenen Land, gilt sie als *Binnenvertriebene*r* und fällt ebenfalls nicht unter internationalen Schutz. Hier wird der jeweilige Staat in der Verantwortung gesehen, egal ob er dieser nachkommen will oder kann.

Menschen, die aufgrund sich ändernder Umwelt- oder Klimabedingungen ihre Heimat verlassen, sind also offiziell keine Flüchtlinge, denn sie fallen nicht unter die Definition der Genfer Flüchtlingskonvention. Sie gelten als Migrant*innen oder (Binnen-)Vertriebene.

Wie weit sie ihre Flucht treibt und ob sie von Dauer oder nur vorübergehend ist, hängt sehr von dem Fluchtgrund ab, und davon gibt es im Grunde drei: Zunächst können Menschen aufgrund von Naturkatastrophen mehr oder weniger spontan zum Verlassen ihrer Heimat gezwungen sein. In solchen Fällen kehren sie meist zurück, wenn die unmittelbare Bedrohung vorüber ist, und helfen beim Wiederaufbau. Schleichender und damit weniger genau beobachtbar wird Migration verursacht, wenn durch steigende Hitze und Trockenheit zunehmend die Lebensgrundlage zerstört wird. Hier gehen Menschen zeitverzögert und für unbestimmte Zeit an andere Orte. Und dann gibt es noch Menschen, die mehr oder weniger geplant umgesiedelt werden. Das passiert entweder, wenn Land einfach unter dem steigenden Meeresspiegel verschwindet, wie es bei einigen Inselstaaten bereits unvermeidlich scheint, oder (und das ist besonders absurd) wenn ihr Zuhause für Klimaschutzmaßnahmen weichen muss. Das ist in der Vergangenheit beim Bau von Stauseen zur Energieproduktion passiert, aber auch, wenn in großem Stil Monokulturen zur Erzeugung von CO_2-Zertifikaten oder zur Gewinnung von Biodiesel angepflanzt werden und dafür Kleinbauern von ihren Ackerflächen vertrieben wurden (darüber sprechen wir später nochmal). Um diese unterschiedlichen Migrationsformen zu beschreiben, die mit Klimawandel in Zusammenhang stehen, wird in der Fachwelt manchmal der Begriff »klimawandelbedingte menschliche Mobilität« verwendet – klingt gleich viel harmloser, oder?

Da Klimamigrant*innen nun mal Migrant*innen sind und keine Flüchtlinge, fallen sie nicht unter die Genfer Flüchtlingskonvention, können kein Asyl beantragen und haben auch sonst noch keinen international geklärten Status. Die Internationale Organisation für Migration (IOM) und der Weltklimarat (IPCC) raten dringend davon ab, den Begriff »Klimaflüchtling« für sie zu verwenden, da er falsche Erwartungen auf Schutzansprüche wecke.

Das diese ungeklärte Situation angesichts der steigenden Zahlen an »mobilen Menschen« nicht so bleiben kann, ist schon länger klar. 2011 brachten Norwegen und die Schweiz auf der Nansen-Konferenz zu Klimawandel und Vertreibung in Oslo einen Vorschlag ein für einen staatengeleiteten Konsultationsprozess mit Beteiligung von Experten aus NGOs, Wissenschaft und Interessenvertretern, aus dem die wichtigsten Grundsätze und Elemente zum Schutz von Klimamigrant*innen abgeleitet werden sollten.[1] Die sogenannte Nansen-Initiative nahm 2012 ihre Arbeit auf und legte 2015 eine Agenda vor zum Schutz von international Vertriebenen durch Katastrophen und Klimawandel (Agenda for the Protection of Cross-Border Displaced Persons in the Context of Catastrophies and Climate Change). Seit 2016 ist die Umsetzung dieser Agenda Aufgabe der Platform on Disaster Displacement der Vereinten Nationen. Derzeit haben 109 Staaten die Abkommen ratifiziert. Allerdings legt auch diese Agenda noch keinen rechtlichen Status von Umweltmigrant*innen fest, sondern soll Staaten und andere Akteure dabei unterstützen, selbst Schutzkonzepte für Vertriebene zu entwickeln und vorausschauend die eigenen Fähigkeiten zum Umgang mit grenzüberschreitenden Katastrophenvertreibungen zu verbessern. Das ist ein bisschen wie die Anleitung zum Einleiten einer Umleitung …

Aber immerhin hat das Menschenrechtskomitee der Vereinten Nationen 2020 bestimmt, dass Länder Klimamigrant*innen das Recht auf Asylverfahren nur dann verweigern dürfen, wenn lebensbedrohende Bedingungen in deren Heimatländern auszuschließen sind.

Auch wenn der Befund darüber, wie viele Menschen regelmäßig in Fluten umkommen müssen, damit eine latente Flutgefahr als lebensbedrohend eingeschätzt wird, sicherlich makabre Aspekte hat, ist das Urteil dennoch ein erster Schritt, Klimamigration nicht als persönliche Entscheidung zu verklären, sondern als das anzuerkennen, was sie ist: eine unausweichliche Reaktion auf das, was Teile der Menschheit in den letzten Jahrzehnten verbockt haben.

Zu Hause fremd

Anders, als wir es in der öffentlichen Diskussion wahrnehmen, finden die größten Fluchtbewegungen nicht über Grenzen hinweg, sondern innerhalb von Ländern statt, und wenn eine Grenze überquert wird, dann meist nur die zum Nachbarland. Bei uns im reichen Westen kommt nur ein Bruchteil dieser Menschen an.

Da Klimamigration oft schleichend eingeleitet wird und die von ihr betroffenen Menschen aufgrund ihres ungeklärten rechtlichen Status nicht in geregelten Systemen erfasst werden, gibt es bisher keine Daten über die weltweite Klimamigration.

Wir sitzen alle im selben Boot

Nicht nur Menschen in Afrika oder Asien sind davon bedroht, ihre Heimat aufgrund von Klimaveränderungen aufgeben zu müssen. Das Bundesamt für Bevölkerungsschutz und Katastrophenhilfe hat 2021 einen Bericht vorgelegt, der für alle Regionen Deutschlands die Bedrohungslage durch Extremwetterereignisse in den nächsten Jahrzehnten analysiert. Den Leiter des Bundesamtes, Ralph Tesler, hat dieser Bericht zu der Einschätzung bewegt, dass auch in Deutschland manche Flächen aufgrund des Klimawandels und der akuten Bedrohung durch Unwetterkatastrophen und Flutkatastrophen besser nicht (wieder-)besiedelt werden sollten.[2] So sehr sich einem da die Nackenhaare sträuben: Vielleicht ist es Zeit, sich solchen Gedanken zu öffnen und vorausschauend zu agieren.

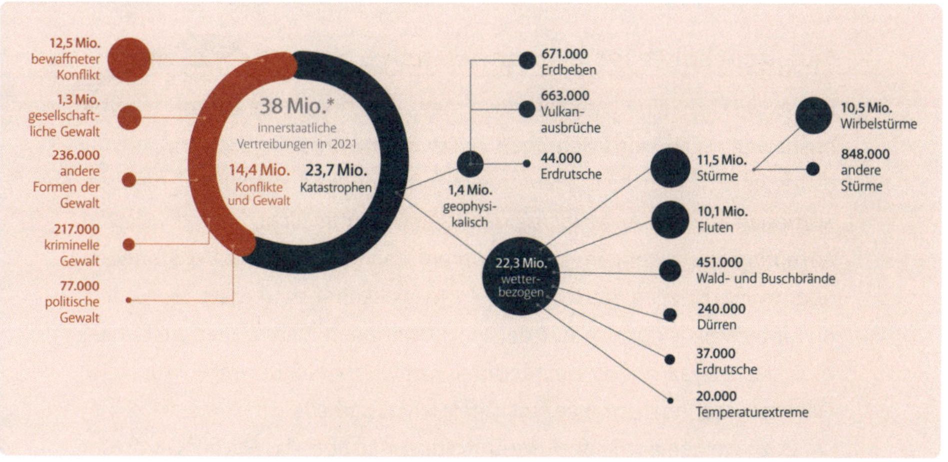

Innerstaatliche Vertreibungen, aufgeschlüsselt nach Konflikten, Gewalt und Katastrophen

Zumindest die Fluchtbewegungen nach plötzlichen Katastrophen (wie dem Ausbruch von Kriegen und bewaffneten Konflikten oder Naturkatastrophen) werden vom International Displacement Monitoring Center (IDMC) in einem jährlichen Bericht erfasst.[3] Diese Bewegungen finden überwiegend innerhalb von Landesgrenzen statt. Nach Erhebungen des IDMC sind im Jahr 2021 14,4 Millionen Menschen durch Konflikte und Gewalt vertrieben worden, weitere 23,7 Millionen durch Naturkatastrophen, davon 6 Prozent durch geophysikalische Katastrophen wie Erdbeben und Vulkanausbrüche, die restlichen 94 Prozent durch wetterbedingte Katastrophen: Dürre, Feuer, Fluten, Stürme und so weiter.

Nun kann man aus diesen Zahlen weder schließen, dass der Klimawandel allein im letzten Jahr 22 Millionen Menschen (also die 94 Prozent) zu Flüchtlingen gemacht hat, denn Naturkatastrophen gibt es auch ohne Klimawandel. Noch bedeutet es, dass die 14,4 Millionen Kriegsvertreibungen nichts mit dem Klimawandel zu tun haben. Die Zahlen geben aber einen Eindruck davon, wie viele Menschen bereits jetzt in einem vulnerablen Umfeld leben. Und wenn man mit Sicherheit weiß, dass Trockenheit und Extremwetterereignisse zunehmen werden, während wir gleichzeitig natürliche Katastrophenschützer wie Mangroven und Auenlandschaften vernichten, dann kann man erahnen, was mit diesen Zahlen in Zukunft passieren wird.

Gut geschätzt ist halb gewonnen

Es ist wirklich eine interessante Frage, wie man Migrationsbewegungen von Menschen misst oder vorhersagt, die in ihrer bisherigen Heimat teils nicht registriert sind und manchmal mehrere Stationen passieren, bevor sie schließlich häufig nicht in organisierten Aufnahmeeinrichtungen unterkommen, sondern bei Familie, Freunden oder in inoffiziellen Stadtsiedlungen. Wie erkennt man, dass Menschen, die unterwegs sind, sich auf der Flucht befinden, und woher weiß man, dass das etwas mit sich ändernden Umweltbedingungen zu tun hat? Das herauszufinden, ist eine fast detektivische Arbeit.

Dazu werden hochaufgelöste Satellitendaten über das Flächenwachstum von Städten mit detaillierten Wetterdaten über einen langen Zeitraum in Verbindung gebracht, ergänzt durch offizielle Statistiken über Einwohnerzahlen, Berufsgruppen und Wirtschaftsentwicklungen. Hinzu kommen Handydaten für Mobilitätsanalysen und schließlich viele Interviews mit Betroffenen, um die genaueren Hintergründe der Flucht zu verstehen. Alle diese Informationen werden zu einem Bild über vergangene Mobilität verdichtet. Für den Blick in die Zukunft kombiniert man diese Erkenntnisse mit Klimamodellen, die Temperaturen und Wasserpegel und damit die Bewohn- und Bewirtschaftbarkeit verschiedener Regionen vorhersagen. Diese Klimamodelle gehen ihrerseits von verschieden Szenarien über unseren zukünftigen Umgang mit CO_2-Emissionen aus. Bei jeder Prognose muss man also fragen, von welchem Klimaszenario ausgegangen wurde, um zu wissen, ob die Zahl eher am oberen oder unteren Rand des zu Erwartenden liegt.

Die Weltbank hat 2018 Schätzungen der zu erwartenden Klimamigration durchgeführt und sich dabei auf drei Regionen beschränkt, in denen 55 Prozent der Bevölkerung von Entwicklungsländern leben: Afrika südlich der Sahara, Südasien und Lateinamerika. Der Fokus der Modellierung lag dabei auf den langfristigen Auswirkungen des Klimawandels, wie Wasserstress, Missernten und Meeresspiegelanstieg. Plötzliche Naturkatastrophen wurden nur bedingt einbezogen, weil sie schwer vorhersagbar sind. Die Schätzung spielt verschiedene Klimaszenarien durch und kommt zu dem Ergebnis, dass im schlimmsten Falle bis 2050 allein in diesen Regionen mit einer Migration von 143 Millionen Menschen gerechnet werden müsse. Im besten Falle, also bei Einhaltung des Pariser Klimaabkommens, blieben es zwischen 31 und 72 Millionen.[4]

All diese Menschen werden irgendwo hinmüssen. Den größten Teil der Migranten zieht es in die urbanen Räume und hier überwiegend in die inoffiziellen Stadtsiedlungen, die Slums, deren Einwohnerzahlen unkontrolliert wachsen. Das erhöht nicht nur den Druck auf dortige Infrastrukturen und Ökosysteme. Viele dieser Ballungszentren liegen auch in unmittelbarer Küstennähe und werden damit mittelfristig selber zu gefährdeten Gebieten. Darum ist es so wichtig, weiter an der Erfassung und Prognose dieser Bevölkerungsströme zu forschen, damit Verantwortliche diese Bewegungen in den Entwicklungsplänen ihrer Städte und Regionen antizipieren und Menschenleben schützen können.

Kein leichter Abschied

Wie bereits angedeutet, führt die offizielle Definition von Migration als freiwilliges Verlassen der Heimat in Abgrenzung zur erzwungenen Vertreibung von Flüchtlingen in die Irre. Eine Studie der Universität Hamburg im Auftrag von Greenpeace hat 2017 die Zusammenhänge der Klimamigration sehr schlüssig zusammengestellt.[5] Demnach verlassen Opfer von Naturkatastrophen ihre Heimat Hals über Kopf und ganz sicher nicht freiwillig. Und auch Klimamigrant*innen gehen nicht aus einer Laune heraus oder weil sie sich andernorts mehr Reichtum versprechen. Diese Menschen gehen in der Regel erst, wenn ihnen keine andere Wahl mehr bleibt, wenn sie all ihr Hab und Gut, nicht selten auch ihr Land, verkauft haben und vor Ort trotzdem kein Auskommen für ihre Familien zu finden ist.

Dass die Lebensgrundlagen in vielen Ländern immer schwerer zu erwirtschaften sind, liegt natürlich nicht nur an sich verändernden klimatischen Bedingungen. Bevölkerungswachstum, Misswirtschaft, Korruption, Gewalt: Es gibt viele Gründe, warum gerade junge Menschen keine Perspektive in ihrer Heimat sehen. Wir haben ja bereits darüber gesprochen, dass diese Aspekte sich alle gegenseitig verstärken und in einem Teufelskreis enden. Klimawandel ist in Entwicklungsländern oft weniger die alleinige Ursache für wirtschaftliche Not als ein Verstärker von ohnehin prekären Situationen.

Wenn diese Menschen ihre Heimat verlassen, wird oft von »Wirtschaftsflüchtlingen« gesprochen. In diesem Begriff schwingt ein anderes Maß an Empathie mit, als wenn wir von Opfern von Kriegen oder Naturkatastrophen sprechen, für die die breite Gesellschaft in der Regel großes Mitgefühl und Unterstützung aufbringt. Ihre Lage wird als trauriger Schicksalsschlag betrachtet, was er ja auch ist. Den anderen unterstellt man unterschwellig, für ihr Schicksal selbst verantwortlich und einfach auf der Suche nach einem komfortableren Leben zu sein. Aber diese Wahrnehmung verzerrt die Realität dieser Menschen brutal. Das, was wir in Europa im Sommer 2022 an Hitze, Dürre, Missernten und Bränden erleben, ist nur ein Hauch dessen, was die Menschen, die aus sogenannten »wirtschaftlichen Gründen« fliehen, seit Jahrzehnten durchleben. Trotzdem ist die Unterscheidung zwischen »echten« Flüchtlingen, die ein Anrecht auf Asyl haben, und den »einfachen« Wirtschaftsmigrant*innen in der gesamten Flüchtlingsdebatte unglaublich zentral – um die einen muss man sich laut Genfer Flüchtlingskonvention kümmern, vor den anderen will man sich besser schützen.

Schwierig, wenn von dieser Reisernte die Familie leben soll

Es wird höchste Zeit, diese Wahrnehmung zu überdenken. Nicht nur, weil sie den betroffenen Menschen nicht gerecht wird, sondern auch, weil sie ausblendet, dass Migration ein wichtiger Schritt zur Anpassung an den Klimawandel ist – insbesondere dann, wenn die lokalen Möglichkeiten zur Adaption ausgeschöpft sind. Menschen, die Regionen verlassen, in denen Umweltschäden zu Wasser- und Nahrungsmittelknappheit führen, verringern den demografischen Druck auf fragile Ökosysteme und entlasten die dortigen Gesellschaften. Oft schicken sie aus ihrer neuen Heimat Geld an ihre Familien, die damit vor Ort ihrerseits mehr Möglichkeiten zur Klimaanpassung haben. Diese sogenannten Rücküberweisungen liegen in vielen Entwicklungsländern übrigens weit über dem, was der Globale Norden an Entwicklungshilfe leistet.

Die aktuelle Migrationsforschung bemüht sich, nicht nur das Ausmaß zu erwartender Migration zu ermitteln, sondern auch die Chancen zu beschreiben, die Migration für die Ursprungsländer und die empfangenden Gemeinschaften und Staaten bietet. Blicken wir auf die alternden Gesellschaften und auf den Fachkräftemangel in europäischen Ländern, dann kann der Zustrom junger Migrant*innen Teil einer Antwort auf diese Probleme sein. Gleichzeitig könnten zurückkehrende Migrant*innen neue Kenntnisse und Techniken in ihre Heimat tragen und zum Aufbau nachhaltiger Wirtschaftsmethoden beitragen, die wiederum dem Klimaschutz zugutekommen. Voraussetzung dafür ist, dass wir ihnen entsprechenden Zugang zu Bildung und Arbeitsmarkt geben. Wenn wir endlich zu einer klugen, abgestimmten Migrationspolitik finden, dann werden Migrant*innen von passiven Opfern zu Menschen, die die Gesellschaft aktiv mitgestalten und helfen, Gemeinschaft und Umwelt positiv zu verändern.

Wir schaffen das ... natürlich

»Aber vor allem müssen wir die Fluchtursachen bekämpfen!« – seit 2015 gibt es kein Interview zum Umgang mit der vermeidlichen Flüchtlingskrise ohne diesen Satz. Gesagt wird er viel, geschehen ist bisher wenig. Und hier findet unser kleiner Exkurs in die Politik wieder den Bogen zurück zum Kern des Buches, denn wir wissen, wen man – mal wieder – um Hilfe fragen muss, um besagte Ursachen zu bekämpfen: Die Natur!

Wer in seiner Heimat genug verdient, um seine Familie zu ernähren und seine Kinder in die Schule zu schicken, wer sauberes Trinkwasser und genug Nahrung zur Verfügung hat und nicht ständig mit der Angst vor der nächsten Flutkatastrophe leben muss, der hat keinen Grund, Schleusern viel Geld zu bezahlen, um Tausende Kilometer weit entfernt in ein überfülltes Schlauchboot zu steigen. Dafür braucht es intakte Ökosysteme vor Ort, die Wasser säubern, Blüten bestäuben, durstige Pflanzenwurzeln mit Wasser versorgen, Hänge vor dem Wegrutschen sichern, Küsten vor Fluten beschützen und obendrein CO_2 binden, damit sich die Lebensbedingungen der Menschen (und Tiere und Pflanzen) verbessern.

Ein hoffnungsvolles Beispiel dafür, wie mit ganzheitlichem Denken und der Beteiligung der Menschen vor Ort in Kooperation mit der Natur ein (im wahrsten Sinne des Wortes) dem Untergang geweihtes Gebiet zur Lebensgrundlage von Menschen werden kann, ist ein Küstenschutzprojekt im Norden von Java in Indonesien. Weite Gebiete im Norden Javas leiden unter Küstenerosion. Einer der Gründe hierfür ist die fortschreitende Industrialisierung des Garnelenfangs, wie sie in den letzten Jahrzehnten in vielen Regionen Südostasiens stattgefunden hat. Hierfür wurden schützende Mangrovenwälder gerodet, um dann im seichten Küstenwasser kilometerlange künstliche Zuchtbecken zu errichten. Dadurch wurde die Sandablagerung aus dem Meer massiv gestört und Fische und Garnelen wurden ihrer natürlichen Brutgebiete beraubt. Zudem fehlt der örtlichen Bevölkerung ohne die Mangrovenwälder ein Zugang zu Bau- und Brennholz für den eigenen Bedarf. Sturm, Fluten und Meeresspiegelanstieg preisgegeben, beginnen die Küsten zu erodieren und das Hinterland versinkt im Meer. Mittlerweile sind über 30 Millionen Menschen in Java von Überflutung bedroht. Auch die Agrar- und Aquakultursektoren, wichtige Wirtschaftsmotoren in Indonesien, erleiden durch die Überschwemmungen Verluste in Milliardenhöhe.

Der Versuch, das Land mit dem Bau von Dämmen und Mauern aus Beton zu schützen, war vergebens, da diese in dem sandigen Untergrund den Fluten und Wellen nicht standhalten konnten. Auch die Anpflanzung neuer Mangroven scheiterte zunächst, weil mit schwindendem Sediment mittlerweile der steigende Meeresspiegel für die Setzlinge zu hoch war. Gezeiten und temporäre Überschwemmungen fraßen sich Jahr für Jahr um bis zu 100 Meter weiter ins Land.

Um eine Perspektive für die betroffenen Regionen zu entwickeln, startete die indonesische Regierung 2015 mit dem niederländischen Netzwerk Ecoshape und Wetlands International das Pilotprojekt »Building with Nature«[6], in dem Experten aus Forschung und Wirtschaft, NGOs und lokalen und staatlichen Behörden gemeinsam mit den betroffenen Gemeinden einen nachhaltigen Lösungsansatz zum Küstenschutz entwickelten. Pilotregion wurde der besonders stark betroffene Distrikt Demak, in dem 70.000 Bäuern*innen und Fischer*innen leben, die innerhalb von nur 10 Jahren ganze Dörfer verloren, weil die Küstenline an manchen Stellen 1,5 Kilometer landeinwärts rückte.[7]

Anwohner*innen in Java sichern erodierende Küsten.

Die Lösung, die hier entstand, ist so simpel wie genial. Kernstück ist die Errichtung wasserdurchlässiger Barrieren aus Ästen, Zweigen und Blättern, die entlang der Küste aufgestellt werden. Diese Barrieren brechen die Wellen und halten gleichzeitig die mit den Fluten einströmenden Sedimente zurück, sodass vor der Küste mit der Zeit ein erhöhter Meeresuntergrund entsteht, auf dem eine natürliche Regeneration der Vegetation möglich ist. Wie erhofft, stoppten die wasserdurchlässigen Barrieren die Erosion nicht nur, sondern sammelten an vielen Stellen bis zu einem halben Meter Sediment zusätzlich an. Überall dort, wo die Bodenhöhe ungefähr den Meeresspiegel erreichte, siedelten sich Mangroven und andere Pflanzen an. Diese Erholung der Natur war bereits innerhalb eines Jahres zu beobachten. Unterstützende Anpflanzungen wurden nur vereinzelt vorgenommen. Dieser natürliche Prozess stellt sicher, dass sich eine an die jeweilige Situation angepasste Pflanzenwelt etabliert. Und haben sich die Mangrovenwälder erst wieder angesiedelt, sorgen sie selbst für

Wo genug Sediment ist, kommen die Mangroven zurück

sich, denn einer der vielen Vorteile von Mangroven gegenüber künstlicher »grauer« Infrastruktur ist ihre Fähigkeit, selber Sedimente zurückzuhalten und sich so in gewissem Rahmen an steigende Meeresspiegel anzupassen.

Den richtig dicken Fisch …

In der Unterwasserlandschaft der Mangroven findet sich reichlich Nahrung.

… zieht man in den Garnelen(massen-)farmen nicht an Land. Wie bei jeder Massentierhaltung werden auch in der Garnelenzucht industrielles Kraftfutter und Antibiotika verfüttert und gelangen direkt oder über die Ausscheidungen auch in die umliegenden Gewässer. So werden nicht nur Antibiotikaresistenzen »gezüchtet«, sondern auch Todeszonen im Wasser geschaffen, weil ein Teil des Futters nicht von den Garnelen gefressen, sondern unter großem Sauerstoffverbrauch im Wasser zersetzt wird. Und dieser Sauerstoff fehlt dann allem anderen Leben im Wasser. Trotz aller Antibiotika bleibt zudem das Risiko einer Garnelenseuche. Oft schließen die Farmen nach wenigen Jahren wegen Verschmutzung und Krankheiten – zurück bleibt dreckige Ödnis.

Können die Garnelen aber zwischen Mangroven aufwachsen, zusammen mit anderen Meerestieren wie Krebsen und Muscheln, die gleichzeitig das Wasser reinigen, dann bietet diese natürliche, saubere Umgebung Nahrung und schützt vor Krankheiten, zusätzliches Futter und Antibiotika sind nicht nötig. Sind die Mangroven erst einmal angelegt, sind die Instandhaltungskosten gering. Kurzum: weniger Investition, weniger Futterzusatz, weniger Medikamente, weniger Chemikalien, dafür mehr Geld, mehr Artenvielfalt und mehr schützende Mangrovenwälder. Das ist mal ein fetter Fang!

Leider gab es in manchen Gebieten auch Rückschläge – immer dort, wo der Boden sich durch übermäßige Grundwasserentnahmen zusätzlich zur Erosion zu senken begann. Daher wird nun zusätzlich mit den indonesischen Behörden ein nachhaltiges Wassermanagement entwickelt, das die Entnahme von Grundwasser regelt, damit auch hier die Kreisläufe der Natur wieder ins Gleichgewicht finden.

Solche Küsten gilt es zu erhalten.

Überall dort, wo die Küstenlinie noch nicht erodiert ist, fördert das Projekt die Wiederansiedlung von Mangrovengürteln in den entwaldeten Zuchtbecken der »industriellen« Garnelenzucht. Das verhindert nicht nur künftige Erosion, sondern bietet den Gemeinden ein weitaus nachhaltigeres Einkommensmodell als dass der Massenzucht (siehe Kasten).

Eine »Coastal Field School« unterstützt lokale Züchter*innen in der nachhaltigen Bewirtschaftung dieser neuen Ökosysteme. Das Ergebnis ist nicht nur eine höhere Fangquote, sondern auch eine

Diversifizierung der Lebensgrundlagen. Über 80 Prozent der Feldschulteilnehmer in Demak setzten die gelernten Methoden um, mit spektakulärem Erfolg. In manchen Fanggebieten stiegen die Erträge, je nach Tierart, um das Drei- bis Sechsfache, bei geringeren Kosten für Futter, Chemikalien und Wartung.

Auch die Baumaßnahmen für die wasserdurchlässigen Barrieren sind Teil der lokalen Wertschöpfung. Die Strukturen sind *low-tech*: mit einfachen Materialien und Werkzeugen von der lokalen Bevölkerung zu bauen und zu warten. Die enge Zusammenarbeit mit der beteiligten Bevölkerung sowie die eingerichteten Lehr- und Kommunikationsplattformen machten es möglich, kontinuierlich aus Fortschritten und Problemen zu lernen und das Vorgehen auf verschiedene Umgebungen anzupassen. So konnte das Projekt mittlerweile auf weite Teile Javas und darüber hinaus ausgeweitet werden.

Die Rückbesinnung auf die Leistungen von Ökosystemen, wie hier die von Mangrovenwäldern, bindet CO_2, sichert Lebensgrundlagen, schützt vor Flutgefahren und hilft, mit dem Meeresspiegelanstieg umzugehen. So bekämpft man Fluchtursachen!

PLANTEN
STERVEN
RED ZE
MET
we need

KAPITEL 10

Um fair zu sein – Chancen für den Globalen Süden

Die Welt ist nicht gerecht. Und wen wundert's, der Klimawandel und der Verlust von Biodiversität machen sie nicht gerechter, ganz im Gegenteil. Ein Blick auf die beiden Karten auf der nächsten Seite macht es deutlich: Die obere Karte zeigt die am stärksten von Klimawandel betroffenen Länder mit der dunklen Färbung. Sie alle liegen in den Regionen, die gemeinhin mit dem Begriff des »Globalen Südens« bezeichnet werden. Die untere Karte zeigt die 46 am wenigsten entwickelten Länder dieser Erde. Das sieht fast aus, als hätte jemand für die Auswahl der Länder auf der zweiten Karte einfach die Tastenkürzel für »copy-paste« gedrückt.

Es ist vielleicht naheliegend, dass die ärmsten Länder dem Klimawandel am wenigsten entgegensetzen können und daher am meisten mit seinen Folgen zu kämpfen haben. Was die Sache aber fast unerträglich ungerecht macht, ist, dass diese 46 Länder historisch für weniger als 1 Prozent der globalen Kohlenstoffemissionen verantwortlich sind. Das muss man sich auf der Zunge zergehen lassen: Da leben unzählige Menschen auf der Erde, deren Lebensbedingungen sich durch den Klimawandel derart verändern, dass sie ihre Heimat verlieren oder sogar ihr Leben bedroht ist, die aber selber quasi nichts zu dieser Bedrohung beigetragen haben – ganz anders als wir. Ist es da nicht fast ein Wunder, wie wenig Wut aus diesen Regionen bei uns ankommt?

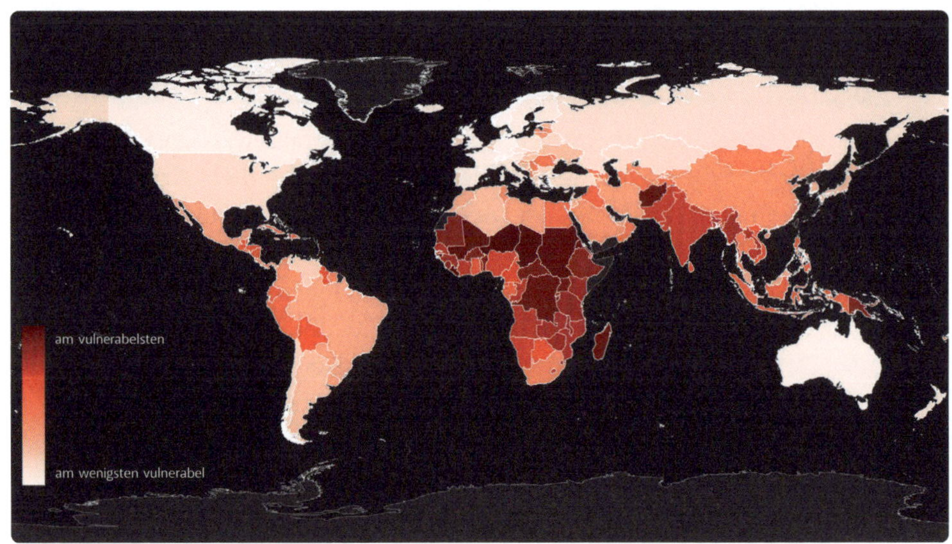

Der Notre Dame Global Adaptation Index (ND-GAIN) misst mit der Vulnerabilität die Exposition, Empfindlichkeit und Fähigkeit eines Landes, sich an die negativen Auswirkungen des Klimawandels anzupassen, in Bezug auf sechs lebenserhaltende Sektoren: Nahrung, Wasser, Gesundheit, Ökosystemleistungen, menschlicher Lebensraum und Infrastruktur.

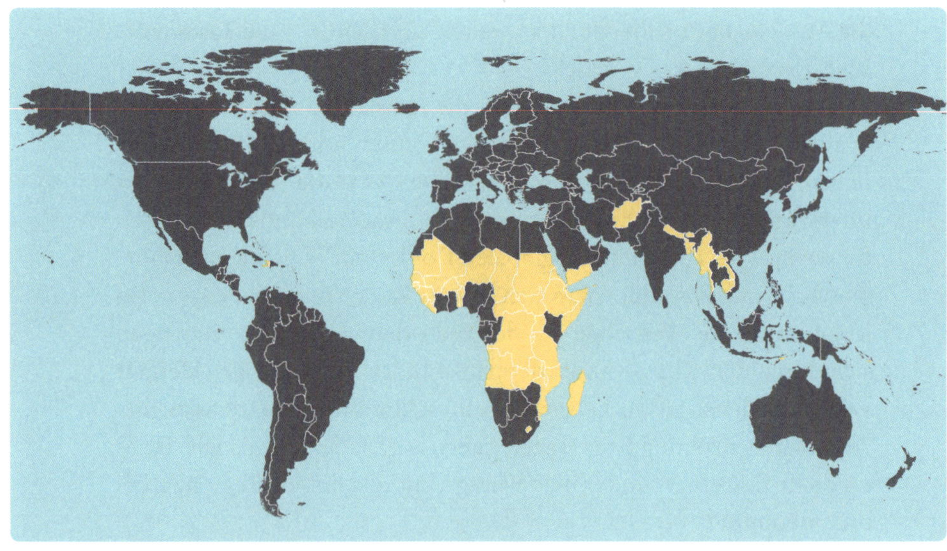

Die am wenigsten entwickelten Länder der Welt
(Stand 2021; laut UN Department of Economic and Social Affairs)

Die, die den Kopf hinhalten

Der Druck auf diese Länder durch den Klimawandel ergibt sich zum einen aus den Gefahren durch klimabedingte Katastrophen: Stürme, Fluten, Hitzewellen und Dürren. In den letzten 50 Jahren ereigneten sich fast 70 Prozent der weltweiten Todesfälle durch diese Katastrophen in den »am wenigsten entwickelten Ländern«, obwohl in ihnen nur 13 Prozent der Weltbevölkerung leben. Dass der Tribut an Menschenleben dort so hoch ist, liegt unter anderem daran, dass nach Schätzungen der UN etwa jeder vierte Stadtbewohner – mehr als 1 Milliarde Menschen weltweit – unter prekären Bedingungen in den Slums der Großstädte lebt. Viele dieser Städte in tropischen Regionen liegen in Küsten- oder Flussnähe und sind damit anfällig für Extremwetterereignisse wie Überschwemmungen und Stürme. Wenn die leichter zugänglichen Bereiche besiedelt waren, entstanden Siedlungen an den steilen Hängen, an denen alle Vegetation weichen musste, die Schutz vor Erosion, Erdrutschen oder Schlammlawinen geboten hätte. Oft fehlen Frühwarnsysteme und die Infrastruktur für Evakuierung. In tieferen Lagen bedeuten mangelnde Abflussgelegenheiten für Wasser, dass Überschwemmungen längere Zeit andauern und stehendes Wasser zu einem Nährboden für Krankheitserreger und Mücken wird, die Krankheiten wie Malaria und Dengue-Fieber übertragen. Fehlende Sanitär- und Abfallmanagementsysteme tun ein Übriges. Und rudimentäre Behausungen bieten natürlich auch keinen physischen Schutz, weder vor Fluten noch gegen Starkregen, Stürme oder Erdrutsche.

Zum anderen leiden diese Regionen besonders unter der schleichenden Veränderung des Klimas. Wachsende Hitze und Trockenheit führen zu Missernten. Nicht nachhaltige und an das veränderte Klima nicht angepasste Bewirtschaftungsmethoden beschleunigen den Prozess der Degradierung von Böden (siehe Seite 134). Gleichzeitig wächst die Bevölkerung und mit ihr der Bauholz-, Feuerholz- und Nahrungsmittelbedarf. So beginnt der tragische Teufelskreis, in dem immer mehr natürliche Ökosysteme in monotone Agrarflächen umgewandelt werden, um auf ihnen mit konventionellen Anbaumethoden möglichst schnell möglichst viel zu erwirtschaften, zumindest so lange, bis auch diese Böden degradieren. Mit der Umwandlung intakter Ökosysteme verschwinden zudem gigantische CO_2-Senken, Biodiversität und fast alle Ökosystemleistungen. So wird der Klimawandel befördert und das Gleichgewicht ökologischer Systeme nachhaltig gestört. In der Folge verschärft sich die Klimakatastrophe, explodieren Krankheiten und Schädlingsbefall, Ernten fallen aus, Böden werden übernutzt und degradieren, weitere Flächen werden umgenutzt und so weiter.

Die zunehmende Veränderung der Landnutzung ist in diesen Gegenden besonders tragisch, weil die am wenigsten entwickelten Länder über große Regenwaldgebiete und große Schutzgebiete verfügen und damit (bisher) sehr reich an Biodiversität und Ökosystemleistungen sind. Und die müssten wir dringend erhalten, um eine Chance im Kampf gegen den Klimawandel zu haben.

Die, die immer alles besser wissen

Es ist klar, dass das nicht so weitergehen darf. Doch als hätten wir nicht schon genug angerichtet, haben wir, die »entwickelten Länder«, in unserer Hybris viel zu lange gedacht, wir wüssten am besten, wie man diesen »wenig entwickelten Ländern« aus ihrer Armut und der Welt aus der dualen Biodiversitäts- und Klimakatastrophe hilft. Westliche Entwicklungshilfe und Politik haben lange geholfen, Nomaden sesshaft zu machen, Flächen aufzuforsten und die Länder im Namen der Entwicklung und des Klimaschutzes für westliche Investitionen zu öffnen.

Über den Irrtum, Nomadentum für eine rückständige, unproduktive Lebensform zu halten, haben wir bereits im Zusammenhang mit Wanderviehzucht in der Sahelzone gesprochen (siehe Seite 153). Auch den nicht immer erfolgreichen Versuch, mit riesigen Aufforstungsprojekten Flächen zu schaffen, in denen dauerhaft Kohlenstoff gespeichert werden kann, haben wir uns angeschaut (siehe Seite 77). Aber wenigstens die Armut sollte doch zu bekämpfen sein, wenn die Agrarwirtschaft mithilfe von Auslandsinvestitionen effizienter wird und Güter für den Export produziert werden können, oder? Sollte man meinen … die Realität aber sieht viel zu oft anders aus.

Da werden zum Beispiel westliche industrielle Agrarmethoden in tropische Gebiete exportiert, obwohl diese für die nährstoffarmen Böden gerodeter Regenwälder völlig ungeeignet sind (siehe Seite 138). Schon bei uns merken wir, dass diese Form der Landwirtschaft Bodenfruchtbarkeit, den natürlichen Fluss von Nährstoffen und Wasser an ihre Grenzen bringt, den Klimawandel befeuert und Biodiversität zerstört – das gilt auf den mageren Böden gerodeter Regenwälder umso mehr. Und da die lokale Bevölkerung in der Regel die hohen Investitionskosten nicht aufbringen kann, gehen die Projekte an andere, oft ausländische Großinvestoren. So bleibt nicht mal der kurzfristige monetäre Gewinn dieser Bodenzerstörung vor Ort. Wenn es ganz schlecht läuft, werden indigene Gemeinschaften, die bisher von den Ökosystemleistungen dieser Gebiete lebten, von deren Nutzung ausgeschlossen. Ihrer Lebensgrundlage beraubt, suchen sie alternative Einkommensquellen – im schlimmsten Fall in illegalen, manchmal klima- und biodiversitätsschädlichen Aktivitäten wie illegalem Holzeinschlag, Installation illegaler Goldminen, Holzkohleproduktion oder Wilderei. Die großen Gewinne machen andere, aus der Armut kommen so nur wenige.

Wie wichtig die Ökoregionen dieser Länder für Mensch, Natur und Klima sind, zeigt beispielsweise ein Blick auf den Regenwald des Kongobeckens. Er befindet sich größtenteils auf dem Gebiet der Demokratischen Republik Kongo sowie in der benachbarten Republik Kongo. Ausläufer reichen in die Zentralafrikanische Republik, Kamerun, Äquatorialguinea, Gabun, Angola und Sambia. Er ist mit etwa 1,8 Millionen Quadratkilometern[1] gut fünfmal so groß wie Deutschland und nach dem Amazonas-Regenwald der zweitgrößte zusammenhängende Regenwald der Erde. Damit ist er essenziell für die Regulierung des Regens vor Ort, bestimmt aber auch wesentlich die Niederschläge und das Klima auf der Nordhalbkugel. In ihm befinden sich auch die mit 145.500 Quadratkilometern ausgedehntesten tropischen Moorlandschaften der Erde, ein weiterer Grund für die enorme Kohlenstoffspeicherkapazität dieser Region von über 30 Gigatonnen. Auch die Artenvielfalt ist beeindruckend: Über 10.000 Pflanzenarten, 1.000 Vogel- und 400 Säugetierarten leben hier, unter ihnen

Gorillas, Schimpansen und Bonobos, Waldelefanten und Waldbüffel, Bongoantilopen und Okapis. Viele Arten hier sind endemisch, das heißt, sie kommen weltweit ausschließlich in dieser Region vor. Aber auch 30 Millionen Menschen leben in diesen Wäldern. Insgesamt sind rund 75 Millionen Menschen auf die natürlichen Ressourcen der dortigen Wälder und Landschaften als Nahrungsmittel, Heilmittel oder Baustoffe angewiesen. Derzeit sind etwa 14 Prozent der Fläche unter Schutz gestellt.

Sodastream im Rüssel

In der Zentralafrikanischen Republik wirken die seltenen Waldelefanten (Loxodonta cyclotis) als eine Art »Sodastreamer« für Bongos, Büffel, Riesenwaldschweine, Gorillas und Papageien. Weil die Böden, auf denen die Wälder des Kongobeckens stehen, nährstoffarm sind, mangelt es auch der vegetarischen Nahrung großer Pflanzenfresser an dem einen oder anderen wertvollen Inhaltsstoff. Im Regenwald gibt es aber offene Bereiche oder Lichtungen mit kleinen Teichen oder Tümpeln, sogenannten Bais, in denen der Boden reich an Mineralstoffen ist. Hierher kommen viele der großen Säugetiere, um den natürlichen Energiedrink zu schlürfen und ihren Mineralhaushalt so in Ordnung zu halten. Wenn alle immer nur trinken, aber niemand die Bar auffüllt, dünnt der Drink allerdings schnell aus. Zum Glück gibt es die Waldelefanten, die mit ihrem Rüssel und ordentlich Puste immer wieder wertvolle Nährstoffe vom Boden des Tümpels nach oben sprudeln, damit hier keiner nüchtern nach Hause gehen muss.

Barkeeper bei der Arbeit

Die, die es schon lange richtig machen

Während man lange Zeit dachte, indigene Bevölkerung sei ein Hemmschuh für die Modernisierung und Entwicklung eines Landes und die teilweise praktizierte Wanderwirtschaft der Grund für die Zerstörung von Ökosystemen, gibt es inzwischen immer mehr Beweise dafür, dass die Menschen, die seit Jahrhunderten in und von Wäldern, Savannen und Halbwüsten leben, Lebensweisen entwickelt haben, die diese Gebiete auch heute noch dauerhaft bewahren.

So haben Forscher*innen festgestellt, dass in 57 untersuchten Gebieten im Kongobecken, die von Indigenen und lokalen Gemeinschaften (sogenannten *Indigenous People and Local Communities*[2]) verwaltet wurden, die Entwaldungsrate zwischen 2001 und 2019 um 23 Prozent unter dem nationalen Durchschnitt lag und sogar 46 Prozent niedriger war als in Gebieten, für die die Regierung offizielle Konzessionen zur Nutzung ausgestellt hatte.[3] Solche staatlichen Nutzungskonzessionen erlauben oft Holzeinschlag, die Errichtung von Plantagen oder den Abbau von Bodenschätzen – Arten der Landnutzung, die indigene Gruppen kaum praktizieren. Sie nutzen Holz und Wild häufig nur für den eigenen Gebrauch, profitieren dagegen aber von anderen Ressourcen der Wälder, wie Früchten, Nüssen, Medizinal- oder essbaren Pflanzen.

Studien zum brasilianischen Amazonas zeigen ein ähnliches Bild. Dort lag die Entwaldung in von Indigenen und lokalen Gemeinschaften verwalteten Gebieten zwischen 2000 und 2012 bei weniger als einem Prozent, während der Wald außerhalb dieser Gebiete um 7 Prozent zurückging. Mit dieser höheren Entwaldungsrate wurden 27-mal mehr CO_2-Emissionen in die Atmosphäre entlassen als in den Gebieten unter indigener Verwaltung.[4] Auch wenn die Gebiete unter indigener Verwaltung 28 Prozent des Amazonasbeckens ausmachen, waren sie bisher nur für 2,6 Prozent der von dort stammenden Kohlenstoffemissionen verantwortlich.[5] Zwischen 2005 und 2012 wurde im brasilianischen Amazonas in von Indigenen bewirtschafteten Gebieten 17-mal weniger ursprüngliche Vegetation vernichtet als in entsprechenden ungeschützten Gebieten.[6] Selbst verglichen mit ausgewiesenen Schutzgebieten geben diese

Gebiete ein gutes Bild ab. In der Regel haben sie keine höheren Entwaldungsraten als die Schutzgebiete, bei gleichzeitig geringem Managementaufwand.[7]

Wir waren zuerst hier

Bereits 1982 hat die »UN-Arbeitsgruppe zu den indigenen Bevölkerungsgruppen« folgende Definition formuliert: »Indigene Populationen bilden sich aus den heutigen Nachfahren der Völker, die das gegenwärtige Territorium eines Landes ganz oder teilweise bewohnten zur Zeit, als Menschen einer anderen Kultur oder ethnischen Herkunft aus anderen Teilen der Welt dort ankamen, die ansässigen Völker unterwarfen und durch Eroberung, Besiedlung oder andere Mittel in eine untergeordnete oder koloniale Situation versetzten.«[8] Die meisten dieser Menschen leben in den Tropen, aber auch die Aborigines Australiens oder die Inuit Kanadas sind indigene Gruppen.

Manche Indigene haben die Lebensform ihrer Kolonialmächte oder anderer Einwanderer so übernommen, dass ihr Einfluss auf Natur und Klima von dem der Bewohner von Industrienationen kaum abweicht. Andere Gruppen leben auch heute noch ein Leben, das dem ihrer Vorfahren stark gleicht. Wenn wir hier über Indigene und ihren Einfluss auf Regenwälder sprechen, betrachten wir Gemeinschaften, die weitestgehend traditionelle Lebensformen beibehalten haben. Diese Menschen sind wichtige Bewahrer von Biodiversität und Klima, da 80 Prozent der weltweit verbleibenden biologischen Vielfalt der Wälder in ihren Gebieten liegen. Auf dem Land indigener Völker und Gemeinschaften sind mindestens 24 Prozent des weltweit oberirdischen Kohlenstoffs gespeichert.

Was die Ländereien von indigenen Völkern und lokalen Gemeinschaften auszeichnet, ist, dass sie kollektiv genutzt und gemeinschaftlich verwaltet werden. Der Anspruch auf diese Gebiete beruht meist noch auf sogenanntem Gewohnheitsrecht, der Prozess der formalen Anerkennung ist in manchen Ländern angestoßen, aber langwierig. Und ein verbrieftes Recht ist für die Gemeinschaften manchmal schwer einzufordern.

Der Gemeinschaftsverwaltung gehören Frauen und Männer an, die Landwirt*innen, Hirt*innen, Jäger*innen, Sammler*innen und Fischer*innen sind. Sie nutzen die Wälder, Gewässer und Weiden als gemeinsame Ressource und verstehen ihr Land als Gemeinschaftsbesitz. Die Verwaltung basiert oft auf langjährigen Traditionen, aber sie ist nicht statisch. Jede Generation passt die Art und Weise, wie sie das Land nutzt, an neue Bedürfnisse und Ansprüche an. Das ist möglich, weil die langjährige Gemeinschaft ein profundes Wissen über die Zusammenhänge der Ökosysteme angesammelt hat. Dieser Erfahrungsschatz ist von enormem Wert, wenn es in Zukunft darum gehen muss, sich an stark veränderte Rahmenbedingungen anzupassen.

In diesen Gebieten wird nicht nur weniger CO_2 emittiert, weil weniger Wald gerodet wird. Durch die nachhaltige Bewirtschaftung ist auch die Biomasse und damit der Kohlenstoffgehalt pro Hektar deutlich höher als in anderen Gebieten, um etwa 36 Prozent.[9] Nicht falsch verstehen: Das ist keinesfalls ein Aufruf, Schutzgebieten ihren Status abzuerkennen, um sie zu bewirtschaften. Um sicherzustellen, dass auch Tierarten erhalten bleiben, die sehr empfindlich auf Störungen reagieren und um ökologische Prozesse vom Menschen unbeeinflusst ablaufen zu lassen, braucht es dringend Gebiete, auf die der Mensch nicht einwirkt. Aber Biodiversität und Ökosysteme können eben nicht nur ohne, sondern auch in Eintracht mit dort lebenden Menschen erhalten werden, wenn diese nachhaltig mit der Natur umgehen, wie es indigene Gruppen oft noch tun. Das macht Mut.

Natürlich ist der steigende Bedarf an Nahrungsmitteln für eine wachsende Bevölkerung vor allem in den Entwicklungsländern eine große Herausforderung. Nur adressieren viele Ausweitungen der Agrarflächen überhaupt nicht die Nahrungsmittelsicherung in diesen Ländern, wenn sie für Palmöl, Sojabohnen oder Rinderzucht genutzt werden. Die Produktion dieser »cash-crops« und des Fleisches füttert nur wohlhabende Nationen anderswo. Was tatsächlich zur Nahrungsmittelsicherheit beitragen würde, sind an die Tropen angepasste Methoden der Agroforstwirtschaft (siehe Seite 138), die Biodiversität und Bodenfruchtbarkeit erhalten, Wasser, Dünger und Pestizide sparen und trotzdem höhere Erträge und eine Vielfalt an

Nahrungsmitteln produzieren. Diese Art der Bewirtschaftung gilt es im Sinne der Armutsbekämpfung und des Klimaschutzes zu fördern und auszuweiten – nicht das, was wir im Westen so ausgebrütet haben.

Die Ba'Aka im Kongobecken – Hüter*innen des Waldes

Der neueste Bericht des Intergovernmental Panel on Climate Change (IPCC), also des höchsten wissenschaftlichen Gremiums zu Themen des Klimawandels, hat 2019 nun endlich formuliert, wovon die Interessenvertretungen der Indigenen und lokalen Gemeinschaften die Welt seit Jahrzehnten zu überzeugen versuchen: Dass indigene Völker und lokale Gemeinschaften die besten Bewirtschafter und effizientesten Beschützer*innen natürlicher Ökosysteme sind und ein Erreichen der in Paris formulierten Klimaziele ohne die staatliche Anerkennung und Verteidigung ihrer Landnutzungsrechte nicht möglich sein wird. Diese Feststellung ist eine große Sache: Sechs Jahre zuvor erklärte die Weltbank in ihrem Bericht zum Status der Regenwälder des Kongobeckens noch, deren (damals) verhältnismäßig niedrige Entwaldung sei auf eine Art »passiven Schutz« durch chronische politische Instabilität, Konflikte, schlechte Infrastruktur und Verwaltung zurückzuführen – von einer eventuell gelungenen Bewirtschaftung durch die lokale Bevölkerung war keine Rede, im Gegenteil. Die Ausdehnung von Subsistenzwirtschaft (Landwirtschaft und Holzsammeln) sei die am häufigsten genannte unmittelbare Ursache für die Entwaldung im Kongobecken, hieß es damals.[10]

Heute betrachten wir das Ganze differenzierter. Während der Wanderfeldbau von Kleinbauern und die mit ihm verbundene Brandrodung von Waldflächen immer noch ein riesiges Problem darstellen, besonders beim Kakao- und Kaffeeanbau, zeigen andere Regionen, dass lokale Gemeinschaften gute Flächenmanager sein können. Die Gebiete der indigenen Völker und lokalen Gemeinschaften, die nicht nur riesige Kohlenstoffspeicher sind, sondern auch 36 Prozent der weltweiten Biodiversitäts-Hotspots beherbergen, sind überwiegend in einem guten Zustand. 65 Prozent gelten laut WWF als unberührt oder nur gering von Menschen verändert. Bei weiteren 27 Prozent ist moderat in die Natur eingegriffen worden, weniger als 10 Prozent haben eine intensive Nutzung oder Veränderung erfahren. Das sind wirklich gute Nachrichten!

Die, die Recht(e) haben

Aber jetzt gilt es aufzupassen, denn auch diese Gebiete geraten immer mehr unter Druck. Der wachsende Bedarf an Anbaufläche einerseits, egal ob für Plantagenholz, Lebensmittel, Tierfutter oder Biokraftstoffe, und die wachsende Nachfrage nach Bodenschätzen und CO_2-Kompensationsmaßnahmen andererseits machen die Flächen sehr begehrt. Die indigenen und lokalen Gemeinschaften können sich gegen solche Begehrlichkeiten in Bezug auf ihr Land nur wehren, wenn sie auch offiziell über die Landrechte verfügen und diese vom Staat auch durchgesetzt werden. Aber genau das ist viel zu selten der Fall. Auch wenn die rechtlichen Voraussetzungen für die Anerkennung des Gewohnheitsrechtes oft bereits vorliegen, ist deren Formalisierung nur in gut 10 Prozent der Fälle auch umgesetzt. Für Frauen, die in Afrikanischen Ländern 70 Prozent der Kleinbäuer*innen stellen, sieht es besonders schlecht aus: Sie halten so gut wie nie einen rechtlichen Landtitel und haben damit kaum eine Stimme, wenn es um die Zukunft ihrer Flächen geht. So kommt es immer wieder dazu, dass Staaten dritten Parteien Land verkaufen oder Konzessionen für Holzeinschlag, Agraranbau, Rohstoffabbau oder Aufforstung in solchen Gebieten erteilen, mit den entsprechenden Folgen für Mensch und Natur.

Monopoly 4.0 – Landgrabbing

Der wachsende Bedarf an Flächen für Pflanzenöle, Biosprit oder Futtermittel sowie die Degradierung eigener Böden machen Industrienationen zu »Big Playern« im Kampf um Agrarflächen. Wohlhabende Länder oder internationale Konzerne weiten seit Jahrzehnten ihre Flächennutzung aus – nach Afrika, Asien, Lateinamerika, aber auch in Teile Osteuropas.

Man kann diesen internationalen Erwerb von Agrarflächen »ausländische Direktinvestitionen in landwirtschaftliche Nutzflächen« nennen, oft trifft es der Begriff »Landgrabbing« allerdings besser. Dabei bewegen sich die internationalen Investoren, ebenso wie die staatlichen, halbstaatlichen oder privaten Verkäufer, oft in rechtlichen Grauzonen zulasten der lokalen Bevölkerung. Auch wenn die UN Declaration on the Rights of Indigenous Peoples von 2007 das Gewohnheitsrecht für die Landnutzung der indigenen Bevölkerung festschreibt, bietet dies den Kleinbauern selten Schutz. Oxfam hat die internationalen Landverkäufe analysiert und festgestellt, dass diese sich auf jene Länder konzentrieren, in denen Rechtsverhältnisse und Regierungen besonders instabil sind.[11] Das Europäische Parlament gab 2016 an, dass 12 deutsche Unternehmen an 16 solchen Landgeschäften beteiligt waren und sich dabei 309.566 Hektar Land gesichert haben.

Selten entstehen bei diesen Großprojekten lukrative Arbeitsplätze für die einheimische Bevölkerung. Oft bringen die Investoren sogar ihre eigenen Arbeiter mit. Heimische Bäuer*innen verlieren neben dem Recht zum Anbau oft auch Weide- und Wassernutzungsrechte. An Subsistenzwirtschaft, also die Produktion von Lebensmitteln zum eigenen Gebrauch, ist dann nicht mehr zu denken. Alleine zwischen 2007 und 2017 mündeten mindestens 135 dieser Landkäufe auf einer Fläche von 17,5 Millionen Hektar erst gar nicht in funktionierende landwirtschaftliche Betriebe. Der Landraub war und blieb aber vollzogen.

Die Interessenvertretungen der Indigenen und lokalen Gemeinschaften beklagen seit Langem, dass angenommen wird, man müsse sich zwangsläufig zwischen nur zwei Extremen entscheiden: Landschaften unangetastet zu lassen, um Biodiversität und Kohlenstoffspeicher zu bewahren, oder sie im Interesse der wirtschaftlichen Entwicklung in industrielle Agrarflächen umzuwandeln. In ihrer Stellungnahme zum neuesten IPCC-Bericht heißt es: »Wo unsere Rechte respektiert werden, bieten wir dagegen eine Alternative zu Wirtschaftsmodellen, die Kompromisse zwischen Umwelt und Entwicklung erfordern. Unser traditionelles Wissen und unsere ganzheitliche Sicht auf die Natur ermöglichen es uns, die Welt zu ernähren, unsere Wälder zu schützen und die globale Biodiversität zu erhalten.«[12] Flächen so zu nutzen, dass jetzige und zukünftige Generationen von ihnen leben können: Das sollte das Ziel sein. Dazu Profis im Erhalt der Natur das Land verwalten zu lassen, klingt irgendwie logisch, oder?

Genaue Zahlen dazu, wie viele Menschen in indigenen und lokalen Gemeinschaften leben, sind schwer zu ermitteln, aber allein im Kongobecken betrifft das 30 Millionen Menschen, die nicht in die ohnehin überfüllten Stadtzentren ziehen müssen, wenn ihr Lebensunterhalt in ihrer Heimat gesichert werden kann. So wird Armut bekämpft und Biodiversität und Klima geschützt.

Zur Wahrheit gehört aber auch, dass Menschen aus indigenen und lokalen Gemeinschaften, Tradition hin oder her, keine abstinenten Heiligen sind, die nie den Verlockungen eines modernen Lebensstiles ausgesetzt wären und sich nicht gern an Konsum und Wohlstand beteiligten. Das macht sie, wie alle anderen auch, nicht unempfänglich für vermeintlich großzügige Angebote zum Verkauf ihrer einmal erworbenen Landrechte. Darum ist es wichtig, dass ihnen neben dem Recht auf Subsistenzwirtschaft auch der Aufbau nachhaltiger Geschäftsmodelle möglich wird.

Die, für die es sich lohnt

Diese Gefahr gilt natürlich nicht nur für Gebiete der indigenen und lokalen Gemeinschaften, sondern auch für solche, die in staatlichem oder privatem Eigentum sind. Egal wer die Hoheit über ein Gebiet hat, es wäre vermessen, von ihm oder ihr zu erwarten, dauernd zum Wohle der Menschheit auf eigene Entwicklungschancen zu verzichten. Der Schutz von Biodiversität und Klima muss sich auch für die lohnen, die diese Werte zum Wohle von uns allen erhalten.

Oft wird von dem Wert gesprochen, den Ökosysteme (also intakte, vielfältige Natur) jährlich »erwirtschaften«: Berechnungen zufolge das Doppelte des weltweiten Bruttosozialprodukts, also dessen, was wir Menschen alljährlich an Wert schaffen. Besonders viel dieser wertvollen Biodiversität existiert in den Ländern des Globalen Südens. Dann sollten diese Leistungen auch dort in Wert gesetzt werden.

Das geht auf zwei Arten: Zum einen, indem Waren und Dienstleistungen über den eigenen Bedarf hinaus produziert werden, um sie weiterzuverkaufen, im In- und Ausland. Das betrifft die Basisleistungen von Ökosystemen, wie Nahrungsmittel, Baustoffe oder pharmakologische Wirkstoffe, sowie Einnahmen aus dem Tourismus. Schwieriger wird es bei den wichtigen Versorgungs- und Regulierungsleistungen, wie beispielsweise den klimaregulierenden Leistungen (CO_2-Speicherung, Verdunstungskälte etc.), dem Filtern von Wasser und Luft, der Bildung fruchtbarer Böden und dem Erhalt der Vielfalt an Arten. Diese Leistungen sind bisher weitestgehend kostenlos und können nicht verkauft werden. Für sie sind andere »Belohnungsinstrumente« entwickelt worden, sogenannte »Zahlungen für Ökosystemleistungen« (engl. *Payments for Ecosystem Services*, PES). Die Idee hinter diesen Instrumenten ist einfach: Wenn die einen von Ökosystemleistungen profitieren, zum Beispiel wohlhabende Industriestaaten vom Klimaschutz durch tropische Regenwälder, die anderen aber für den Erhalt der Ökosysteme sorgen, in diesem Fall die Länder, auf deren Boden die Regenwälder stehen, dann sollen letztere für ihre Bemühungen zu deren Erhalt entlohnt werden. Klingt einleuchtend und überzeugend, ist aber alles andere als trivial – vor allem, weil man Nichtzahler nur schwer von der Nutzung der regulierenden Ökosystemleistung ausschließen kann. Hier braucht es also ein gewisses Maß an Einsicht, dass es sich, im eigenen Interesse, um eine sinnvolle und faire Zahlung handelt.

Eine Bloody Mary … mit zwei Strohhalmen, bitte!

Teilen lohnt sich immer und fairer Ausgleich auch. Wer das verstanden hat, sind Draculas wilde Freunde. Gemeine Vampire *(Desmodus rotundus)* sind keine Fieslinge, sondern eine von drei Arten von Vampirfledermäusen – die einzigen Säugetierarten, die sich ausschließlich vom Blut anderer Tiere ernähren. Auch wenn dieser Energy Drink sehr nährreich ist, birgt die Beschränkung auf ihn als einzige Nahrungsquelle ein großes Risiko. Nicht jede Nacht finden Vampire Tiere, die Wunden haben, an denen sie Blut lecken können. Weil die fliegenden Vampire eine hohe Stoffwechselrate haben, können sie aber maximal drei Tage ohne Blutcocktail auskommen. Der gemeinsame Trick: In schweren Zeiten helfen sie sich gegenseitig. Tiere, die Blut gefunden haben, füttern hungrige Artgenossen nach ihrer Rückkehr in das Tagesversteck. Die Menge reicht zwar nicht, um mollig satt zu werden, wohl aber, um das Verhungern zu vermeiden. Was aber, wenn einer nur nimmt und niemals selber gibt? Um sich vor solchem Schmarotzertum zu schützen, freunden die kleinen Vampire sich miteinander an, was Forscher*innen daran erkennen, dass sie sich gegenseitig kraulen und lausen. Auf solche Kumpels kann man sich dann in der Stunde der Not verlassen. Wer in guten Zeiten ein Buddy war, mit dem teilt man in schlechten auch den Bloody Mary an der Bar.

Mehr als eine Barbekanntschaft: Befreundete Vampire

Zu solchen Zahlungen für Ökosystemleistungen zählt unter anderem das Generieren von Kompensationszertifikaten, internationale Zahlungen aus den REDD+-Programmen für den Schutz, die Wiederaufforstung und die nachhaltige Nutzung von Wäldern sowie die faire Beteiligung an Gewinnen aus Ökosystemleistungen, wie das Access Benefit Sharing (siehe Kasten).

Mit Bestsellern gegen Schnäppchenjagd

Ein beliebtes Instrument für Zahlungen zum Schutz von Ökosystemleistungen ist der Handel mit **CO_2-Zertifikaten**: Wer nachweislich Maßnahmen ergreift, die die Emission von Kohlenstoff verhindern oder Kohlenstoff aus der Atmosphäre binden, kann dafür eine bestimmte Menge an Zertifikaten erhalten, die er anderen verkaufen kann. Die Qualität dieses Instrumentes hängt stark davon ab, welche Standards zur Anerkennung der CO_2-Wirkung einer Maßnahme angesetzt werden (siehe Kapitel 7).

Speziell, um den »Ausverkauf« von Wäldern zu verhindern, haben die UN das sogenannte Programm **REDD+** *(Reducing Emissions from Deforestation and Forest Degradation)* initiiert. Das Programm belohnt Regierungen und lokale Gemeinschaften in Entwicklungsländern finanziell dafür, dass sie Entwaldung nachweislich reduzieren und Waldschädigungen verhindern, Waldflächen nachhaltig bewirtschaften und wiederaufforsten. Die Zahlungen bemessen sich daran, wie viele CO_2-Emissionen durch das Engagement vermieden werden. **REDD+** zielt also sowohl auf Biodiversitätschutz als auch auf die Reduktion von CO_2-Emissionen ab.

Aus der Biodiversitätskonvention der Vereinten Nationen stammt die Verpflichtung zur »gerechten Aufteilung der aus der Nutzung der genetischen Ressourcen resultierenden Vorteile« und zum sogenannten **Access and Benefit Sharing**. In den Ökosystemen der Welt, ihren Pflanzen und Tieren, stecken eine Unmenge an Ressourcen, die zum Wohle aller Menschen genutzt werden können. Vieles davon ist noch unentdeckt oder steckt im Erfahrungswissen indigener Völker. Wer sich für deren Entdeckung interessiert (Konzerne, Universitäten, Forschungseinrichtungen anderer Länder), dem soll der Zugang nicht verwehrt werden *(Access)*, allerdings sollen die Vorteile aus der Verwertung dieser Erkenntnisse oder Ressourcen mit dem Ursprungsland geteilt werden *(Benefit Sharing)*, damit sich nicht »Schnäppchenjäger« den Reichtum der Tropen sichern. Dabei kann es neben finanziellen Leistungen auch um Joint Ventures, Technologietransfers oder sogenanntes Capacity Buliding, also den Aufbau von Kompetenzen vor Ort gehen. Auch das Access Benefit Sharing soll dafür sorgen, dass mit intakten Wäldern und natürlichen Landschaften Geld verdient werden kann – und nicht nur mit deren Zerstörung.

Damit solche Programme erfolgreich und sinnhaft verlaufen, müssen verschiedene Bedingungen erfüllt sein:

- Es müssen klare Eigentumsverhältnisse herrschen.
- Es muss sichergestellt sein, dass die dadurch vermiedenen schädlichen Praktiken nicht einfach auf andere Flächen verlagert werden.
- Die Langfristigkeit des Engagements muss garantiert sein.
- Um die Finanzmittel für den Erhalt von Ökosystemleistungen effizient einzusetzen, sollten die Zahlungen sich nur auf Verbesserungen beziehen, die ohne die Ausgleichszahlungen nicht erfolgen würden.

Was dabei unbedingt vermieden werden muss, ist, dass umweltschädliche Praktiken überhaupt erst einmal eingeführt werden (oder mit ihnen gedroht wird), um sich das Stoppen dieser Praktiken dann bezahlen zu lassen. Das würde sich anfühlen wie Erpressung. Andererseits scheint es natürlich auch nicht fair, Staaten oder Landbesitzer, die von sich aus auf den Schutz von Ökosystemen setzen, für ihr verantwortungsvolles Verhalten zu bestrafen, indem man sie von solchen Förderungen ausschließt. Dies ist ein Abwägungsprozess, für den es solider und aufwendiger Bewertungs- und Überprüfungsmechanismen bedarf, damit schließlich das richtige Engagement belohnt wird. Zahlungen für Ökosystemleistungen sind nicht einfach, aber dringend nötig!

Die Regionen der größten biologischen Vielfalt befinden sich in Ländern des Globalen Südens. Dies sind auch die Länder, die am meisten unter den Folgen des Verlustes von Biodiversität, Ökosystemleistungen und Klimawandel leiden. Wenn es uns gelingt, den Reichtum an Biodiversität dauerhaft in diesen Ländern in Wert zu setzen, dann retten wir nicht nur unser aller Lebensgrundlage, sondern können auch etwas für die gerechtere Verteilung von Wohlstand auf dieser Erde tun. Das bedeutet Entwicklungschancen, Bildung, Versorgungssicherheit und damit Stabilität in Regionen, aus denen Menschen derzeit auf der Suche nach einem gesunden und sicheren Leben fliehen. Ihre Chance ist unsere Chance!

Epilog

Optimismus ist Pflicht!

In unserer Pandora-Geschichte ganz am Anfang dieses Buchs haben wir ein kleines, aber wichtiges Detail verschwiegen. Die Götter schickten mit der Büchse der Pandora nicht nur das Böse auf die Erde, sondern auch die Hoffnung. Weil die Büchse vor Schreck aber so schnell wieder geschlossen wurde, blieb die Hoffnung in ihr gefangen. »Dumm gelaufen«, würde man heute sagen.

Zwar hätten wir unsere »Kohlenstoffbüchse« schon längst wieder schließen sollen, aber wenigstens konnte sich in unserem Fall so auch die Hoffnung ihren Weg zu uns bahnen. Wir beide zumindest haben durchaus Hoffnung, dass die Menschen das Blatt von Klimakatastrophe und Biodiversitätsverlust noch wenden können – wenn wir schnell sind und endlich anfangen.

Vielleicht wurde der Anfang dazu im Dezember 2022 in Montreal gemacht, als 196 Länder die Abschlusserklärung der Weltbiodiversitätskonferenz unterzeichneten. Immerhin steht in dieser, dass bis 2030 mindestens 30 Prozent der Wasser- und Landflächen der Erde geschützt sein sollen und bis 2025 reichere Länder etwa 20 Milliarden Euro an ärmere Staaten zahlen sollen, um diese bei dem Schutz ihrer Biodiversität zu unterstützen. Außerdem sollen bis 2030 die Menge der weltweit ausgebrachten Pestizide halbiert, 500 Milliarden perverse Subventionen abgebaut und das Artensterben bis 2050 um 90 Prozent reduziert werden.

Auch wenn diese Vereinbarungen nicht bindend sind, verstehen inzwischen immer mehr Regierungen, Unternehmen und Menschen, dass Biodiversitätsschutz nicht warten kann, bis wir »mit dem Klimaschutz fertig sind«. Die Wissenschaft zeigt glasklar, dass wir ohne funktionierende Ökosysteme klimatechnisch einpacken können, und wir erleben, dass diese grandiosen CO_2-Binder auch Millionen von Menschen schützen und versorgen können und damit am Ende sogar Frieden stiften. Beim Schutz von Natur gibt es einfach kein »aber«.

Wir haben in diesem Buch über Pioniere gesprochen, die bereits begonnen haben, Maßnahmen zum Biodiversitätsschutz umzusetzen und damit erfolgreich gegen den Klimawandel und für Menschenwohl zu wirken. Solche positiven Beispiele werden weitere Menschen zum Handeln bewegen. Wir müssen diese Beispiele darum in die Welt hinausrufen und ihre Wirkung messbar machen. Was wir wissen, müssen wir allen zur Verfügung stellen und dann kluge Finanzierungsmodelle entwickeln, damit sich das richtige Handeln lohnt. Und für das, was sich nicht in Geldwert ausdrücken lässt, brauchen wir einen fairen Ausgleich zwischen Nord und Süd und Heute und Morgen.

»Pandora« heißt »die Allbegabte«. Über ausreichend Begabung und Wissen, um das Ruder rumzureißen, verfügen wir als Weltgemeinschaft bereits. Jetzt müssen wir nur noch vom Homo sapiens zum Homo agens werden, zum handelnden Menschen. Wie sagt man so schön: Da geht noch was!

ANMERKUNGEN

KAPITEL 1

1 https://www.iea.org/news/global-co2-emissions-rebounded-to-their-highest-level-in-history-in-2021.

2 Ein Spurengas ist ein Gas, das einen niedrigeren Anteil an der Luft hat, als die drei Hauptbestandteile Stickstoff, Sauerstoff und Argon.

3 https://mashable.com/article/ocean-carbon-dioxide-climate-change.

KAPITEL 3

1 https://newscenter.lbl.gov/2021/12/08/plants-buy-us-time-to-slow-climate-change-but-not-enough-to-stop-it/.

2 https://www.nature.com/articles/s42003-022-03107-3.pdf.

3 https://www.washington.edu/news/2018/10/01/thick-leaves-high-co2/.

4 https://www.science.org/doi/pdf/10.1126/science.abk3510.

5 Nat. Clim. Change 2, 121–124; 2012.

6 Emerging Topics in Life Sciences (2020) 4 77–86 https://doi.org/10.1042/ETLS20190139.

KAPITEL 4

1 https://www.pnas.org/doi/pdf/10.1073/pnas.0705414105.

2 https://www.science.org/doi/10.1126/science.abn7950.

3 https://climateactiontracker.org/global/temperatures/.

4 https://www.science.org/doi/pdf/10.1126/sciadv.aat2340.

5 https://www.nature.com/articles/s41558-022-01287-8.pdf.

6 https://www.science.org/doi/pdf/10.1126/sciadv.aba2949.

7 https://wwf.panda.org/wwf_news/press_releases/?6794391/Deforestation-in-the-Amazon-is-accelerating-the-point-of-no-return-warns-WWF.

8 https://www.nature.com/articles/nature11485.pdf.

9 https://www.reuters.com/business/environment/deforestation-brazils-amazon-hits-record-first-half-2022-2022-07-08/.

KAPITEL 5

1 https://www.pnas.org/doi/pdf/10.1073/pnas.1711842115.

2 https://journals.plos.org/plosone/article/file?id=10.1371/journal.pone.0012444&type=printable.

3 Chami, R.; Cosimano, Th.; Fullenkamp, C. & Oztosun, S. (2019) Nature's solutions to climate change. Finance & Development: 34–38.

4 https://www.imf.org/Publications/fandd/issues/2020/09/how-african-elephants-fight-climate-change-ralph-chami.

5 https://www.mpg.de/13271542/fruit-bats-seed-dispersal.

6 https://media.nature.com/original/magazine-assets/d41586-019-01026-8/d41586-019-01026-8.pdf.

KAPITEL 6

1 Anpassung an die Folgen des Klimawandels in Berlin – AFOK, S. 3 [https://www.berlin.de/sen/uvk/klimaschutz/anpassung-an-den-klimawandel/programm-zur-anpassung-an-die-folgen-des-klimawandels/].

2 Brune, M., Bender, S. und Groth, M. (2017): Gebäudebegrünung und Klimawandel. Anpassung an die Folgen des Klimawandels durch klimawandeltaugliche Begrünung. Report 30. Climate Service Center Germany, S.12.

3 Vaz Monteiro, Madalena et al. (2019): The role of urban trees and greenspaces in reducing urban air temperatures. Forestry Commission Research Note [https://www.forestresearch.gov.uk/ documents/7125/FCRN037.pdf].

4 Vaz Monteiro, Madalena et al. (2016): The impact of greenspace size on the extent of local nocturnal air temperature cooling in London, in: Urban Forestry & Urban Greening, 16 [http://dx.doi.org/10.1016/j.ufug.2016.02.008].

5 http://documents.worldbank.org/curated/en/995341467995379786/pdf/103340-WP-Technical-Rept-WAVES-Coastal-2-11-16-web-PUBLIC.pdf.

6 https://www.insuresilience.org/the-value-of-mangroves-for-reducing-flood-damages-to-coastal-communities/.

7 http://www.conservationgateway.org/SiteAssets/Pages/floridamangroves/Mangrove_Report_digital_FINAL.pdf.

8 Global Commission on Adaptation 2019: Adapt now. A global call for leadership on climate resilience, S. 5.

9 Narayan, S., et al. (2016): The Effectiveness, Costs and Coastal Protection Benefits of Natural and Nature-Based Defences, in: PLOS One, 11 (5).

10 https://doi.org/10.1016/j.scitotenv.2020.141128.

11 https://www.pnas.org/doi/full/10.1073/pnas.2113416118.

12 Nyffeler, M., Birkhofer, K. (2017): An estimated 400–800 million tons of prey are annually killed by the global spider community, in: The Science of Nature, 104.

13 https://www.innovations-report.de/fachgebiete/oekologie-umwelt-naturschutz/bericht-40375/ Originalveröffentlichung: Thorsten B. H. Reuschet al. (2005): Ecosystem recovery after climatic extremes enhanced by genotypic diversity, in: Proceedings of the National Academy of Sciences USA.

KAPITEL 7

1 https://www.umweltbundesamt.de/sites/default/files/medien/380/dokumente/szenariennamen-stand_20220315.pdf.

2 Costanza et al. (2014): Changes in the global value of ecosystem services, in: Global Environmental Change, 26, S. 152–158.

3 Koplow, D., Steenblik, R. (2022): https://www.earthtrack.net/sites/default/files/documents/EHS_Reform_Background_Report_fin.pdf, S. 6.

4 https://marine-conservation.org/on-the-tide/perverse-incentives/.

5 UNEP 2021: State of Finance for Nature. pdf, S. 6.

6 https://www.cesifo.org/en/publikationen/2021/working-paper/do-carbon-offsets-offset-carbon.

7 https://www.fao.org/conservation-agriculture/en/.

8 https://wedocs.unep.org/bitstream/handle/20.500.11822/22298/Land_degradation_factsheet.pdf?sequence=1&isAllowed=y.

9 Tickell, Josh & Rebecca (2020): Kiss the Ground, Dokumentation, Benenson Productions, Netflix.

10 Cooper, H. V., et al. (2021): To till or not to till in a temperate ecosystem? Implications for climate change mitigation, in: Environmental Research Letters, 16 (5).

11 https://ashden.org/awards/winners/alcaldia-de-medellin/.

KAPITEL 8

1 Der Report ist benannt nach dem Vorsitzenden der berichtenden Kommission, Gro Harlem Brundtland, dem ehemaligen Premierminister von Norwegen.

2 Mach, K. J. et al. (2019): Climate as a risk factor for armed conflict, in: Nature, 571, S. 193 ff., https://www.nature.com/articles/s41586-019-1300-6.

3 https://ceobs.org/wp-content/uploads/2021/02/Under-the-radar_the-carbon-footprint-of-the-EUs-military-sectors.pdf.

4 Boston University (2019): Pentagon Fuel Use, Climate Change, and the Cost of War, Watson Institute Brown University.

5 https://www.icrc.org/de/document/7-wichtige-fakten-zum-thema-klima wandel-und-konflikt.

6 Slettebak, R. T. (2012): Don't blame the weather! Climate-related natural disasters and civil conflict, in: Journal of Peace Research 49 (1), S. 163–176.

7 Morales-Muñoz, Héctor et al. (2021): Assessing Impacts of environmental peacebuilding in Caquetá, in: International Affairs, 97 (1), S. 179–199.

8 Eine 2018 durchgeführte Metastudie kommt durchaus zu dem Ergebnis, dass internationale Zusammenarbeit in Umweltprojekten die Aussöhnung von Konfliktparteien befördert, betont aber gleichzeitig die Abhängigkeit dieses Effektes von verschiedener Randfaktoren. Siehe Ide, Tobias (2018): Does environmental peacemaking between states work? Insights on cooperative environmental agreements and reconciliation in international rivalries, in: Journal of Peace Research, 55 (3), S. 351–365.

KAPITEL 9

1 https://environmentalmigration.iom.int/nansen-initiative.

2 https://www.nationalgeographic.de/umwelt/2022/07/klimaflucht-innerhalb-deutschlands-manche-flaechen-sind-nicht-mehr-besiedelbar.

3 https://www.internal-displacement.org/global-report/grid2022/.

4 Weltbank (2018): Groundswell.

5 Greenpeace (2017): Klimawandel, Migration und Vertreibung, Universität Hamburg.

6 https://www.ecoshape.org/en/pilots/building-with-nature-indonesia/file:///Users/hilkeoberhansberg/GEA/SynologyDrive/auf!/Biodiv%20Buch%20II/Literatur%20Links/Kap%203%20Krisenmanager/29073-BwN-Indonesia_V16_DIGI.pdf.

7 https://www.worldwateratlas.org/narratives/coastal-safety/permeable-dams-help-reclaim-land-along-demak-s-coasts/#letting-nature-do-the-hard-work.

KAPITEL 10

1 Die Angaben zur Größe schwanken z. T., weil leicht unterschiedliche Definitionen für »Wald« existieren. Überwiegend wird jedoch von dieser Größenordnung ausgegangen.

2 Indigenous People and Local Communities oder kurz: IPLC ist die in der internationalen Diskussion übliche Bezeichnung für diese Gruppe. Wir verzichten im Text nur der Einfachheit halber manchmal auf den Zusatz »lokale Gemeinschaften«.

3 https://rainforestfoundationuk.org/wp-content/uploads/2021/10/logging.pdf.

4 https://files.wri.org/s3fs-public/securing-rights_executive_summary.pdf, S. 9.

5 https://www.fao.org/americas/publi caciones-audio-video/forest-gov-by-indigenous/en./.

6 Alves-Pinto_et al_2022_Biol_Conservation.pdf; https://www.sciencedirect.com/science/article/abs/pii/S000632072200026X?via%3Dihub.

4 https://www.sciencedirect.com/science/article/abs/pii/S000632072200026X.

7 Schleicher, J., et al. (2017): Conservation performance of different conservation governance regimes in the Peruvian Amazon, in: Scientific Reports 7: 11318, S. 1–10. Siehe auch https://www.fao.org/3/cb2953en/cb2953en.pdf.

8 https://www.humanrights.ch/de/ipf/menschenrechte/diskriminierung/minderheitenrechte-dossier/begriffe/definition-indigene-gruppen.

9 https://files.wri.org/s3fs-public/securing-rights_executive_summary.pdf.

10 https://documents1.worldbank.org/curated/en/175211468257358269/pdf/Deforestation-trends-in-the-Congo-Basin-reconciling-economic-growth-and-forest-protection.pdf.

11 Oxfam: Oxfam briefing 7.02.2013, Poor Governance, Good Business, https://www.oxfam.org.nz/wp-content/uploads/2013/02/finalmediabriefpoorgovernancegoodbusiness6february2013.pdf.

12 https://ipccresponse.org/home-en.

BILD- UND GRAFIKNACHWEIS

S. 14 SV Production, shutterstock.com · **S. 22** Herbert Aust, pixabay.com · **S. 23** Marti Str, pixabay.com · **S. 25** RomaineW, shutterstock.com · **S. 26** Romolo Tavani, shutterstock.com · **S. 30** Lukas Jonaitis, shutterstock.com · **S. 31** Triff, shutterstock.com · **S. 32** peter qn, stock.adobe.com · **S. 36** Jennifer de Graaf, shutterstock.com · **S. 38** Smileus, shutterstock.com · **S. 39** Wonderly Imagin, shutterstock.com · **S. 40** Ernie Hounshel, shutterstock.com · **S. 42** Ekkapan Poddamrong, shutterstock.com · **S. 45** Yay Images, stock.adobe.com · **S. 47** ShayneKayePhot, shutterstock.com · **S. 50** Manon van Os, shutterstock.com · **S. 53** Roaming Panda Photos, shutterstock.com · **S. 54** DieterMeyrl, istockphoto.com · **S. 56** slowmotiongli, shutterstock.com · **S. 58** bassierend auf GSF 2014 · **S. 61** oekom, nach Steffen et al.: The trajectory of the Anthropocene · **S. 64** oekom, Karte: frilled dragon, stock.adobe.com · **S. 66** Azote, Stockholm Resilience Center · **S. 70** Seb c'est bien, shutterstock.com · **S. 72** Bilanol, shutterstock.com · **S. 74** oekom nach oekom nach Bar-On, Y. M. et al (2018): The biomass distribution on earth, in: Proceedings of the National Academy od Sciences; stock.adobe.com · **S. 76** oekom · **S. 78** 2seven9, shutterstock.com · **S. 81** John Tunney, shutterstock.com · **S. 83** Dr-N-Lang, stock.adobe.com · **S. 84** oekom nach de.whales.org · **S. 86** Andrew b Stowe, shutterstock.com · **S. 88** Ondrej Prosicky, shutterstock.com · **S. 89** sonnenfoto21, shutterstock.com · **S. 92** DanielFerryanto, istockphoto.com · **S. 95** Piotr Gatlik, shutterstock.com · **S. 96** Jordi C, shutterstock.com · **S. 97** Yue-Stock, shutterstock.com · **S. 99 o.** evening tao, stock.adobe.com · **S. 99 u.** Blanscape, shutterstock.com · **S. 101** Damsea, shutterstock.com · **S. 102** klazing, istockphoto.com · **S. 105** onapalmtree, shutterstock.com · **S. 109** jakobdam, stock.adobe.com · **S. 111** Printemps, stock.adobe.com · **S. 112** Vladimir Melnikov, shutterstock.com · **S. 116** Girardin, C.A.J. et al (2021): Nature-based solutions can help cool the planet – if we act now; nature, 12 May 2021; https://www.nature.com/articles/d41586-021-01241-2 · **S. 120** idw-online.de · **S. 121** Rob T Smith, shutterstock.com · **S. 127** OlegRi, shutterstock.com · **S. 131** 2022 Clean Air Action Corporation · **S. 133** Imagine Earth Photography, shutterstock.com · **S. 135** Everett Collection, shutterstock.com · **S. 137** Eberhard, stock.adobe.com · **S. 139** Frauke Fischer · **S. 142** Jillian, stock.adobe.com · **S. 144** oscar garces, shutterstock.com · **S. 148** DreamLand Media, shutterstock.com · **S. 152** fivepointsix, stock.adobe.com · **S. 154** Jen Watson, shutterstock.com · **S. 156** leshiy985, shutterstock.com · **S. 159** Rudi Hulshof, shutterstock.com · **S. 162** AJP, shutterstock.com · **S. 167** oekom nach www.internal-displacement.org/global-report/grid2022/ · **S. 170** humphery, shutterstock.com · **S. 173** Nanang Sujana, commissioned by Wetlands International for the Building with Nature Indonesia initiative · **S. 174** Radoslaw, shutterstock.com · **S. 175** Damsea, shutterstock.com · **S. 176** haspil, shutterstock.com · **S. 178** ©Alexandros Michailidis, shutterstock.com · **S. 180 o.** Marcantonio R, Javeline D, Field S, Fuentes A (2021) Global distribution and coincidence of pollution, climate impacts, and health risk in the Anthropocene. PLOS ONE 16(7): e0254060 · **S. 180 u.** UNCTAD: The Least Developed Countries Report 2021 · **S. 184** Frauke Fischer · **S. 188** Gudkow andrey, shutterstock.com · **S. 193** Natalia Kuzmina, shutterstock.com

Safari im eigenen Garten

Hannes Petrischak

Gartensafari

Der heimischen Natur auf der Spur. Entdeckertipps rund ums Jahr

208 Seiten, Klappenbroschur,
vierfarbig mit Abbildungen,
20 Euro
ISBN 978-3-96238-247-6
Erscheinungstermin: 08.02.2022
Auch als E-Book erhältlich

»Das Buch ist ein echter Augenöffner!«

Jan Haft, Dokumentarfilmer

Dieses Buch lädt ein, die tierische Wildnis im eigenen Garten zu entdecken: Von Käfern über Vögel bis hin zu Eichhörnchen gibt es zu jeder Jahreszeit viel zu sehen, wenn man weiß, wo man suchen muss. Ein wunderschön gestalteter Naturführer für die ganze Familie.

oekom.de DIE GUTEN SEITEN DER ZUKUNFT

oekom

Biodiversität, unterhaltsam erklärt

Frauke Fischer, Hilke Oberhansberg

Was hat die Mücke je für uns getan?

Endlich verstehen, was biologische Vielfalt für unser Leben bedeutet

oekom verlag, München
224 Seiten, Klappenbroschur, durchgehend vierfarbig, mit zahlreichen Fotos,
20 Euro
ISBN: 978-3-96238-209-4
Erscheinungstermin: 06.10.2020
Auch als E-Book erhältlich

»Oft sind es die Unscheinbaren, die Pilze, Würmer oder Bakterien, die die Welt um uns herum zusammenhalten.«

Frauke Fischer & Hilke Oberhansberg

Ohne Insekten kein Obst, ohne Mikroorganismen kein Humus, ohne Mücken keine Schokolade – wir sind stärker von einer intakten Natur abhängig, als wir denken. Das Buch bringt den Wert biologischer Vielfalt in unterhaltsamer Weise auf den Punkt und zeigt, warum sie geschützt werden muss.

oekom.de DIE GUTEN SEITEN DER ZUKUNFT

Mit der Natur gegen die Klimakrise

Klaus Wiegandt (Hrsg.)

3 Grad mehr

Ein Blick in die drohende Heißzeit und wie uns die Natur helfen kann, sie zu verhindern

352 Seiten, Klappenbroschur,
vierfarbig mit zahlreichen
Abbildungen, 25 Euro
ISBN 978-3-96238-369-5
Erscheinungstermin: 07.07.2022
Auch als E-Book erhältlich

»Die Natur ist voller Erfolgsgeschichten – nutzen wir die Weisheit der Evolution!«
Hans J. Schellnhuber

Die Forschung geht längst davon aus, dass wir auf eine 3 Grad wärmere Welt zusteuern – ein verheerendes Szenario für die Menschheit. Das Buch zeigt, was uns bevorsteht und wie wir das Ruder noch herumreißen können – mit Lösungen aus dem Fundus der Natur.

oekom.de DIE GUTEN SEITEN DER ZUKUNFT

oekom

Warum wir Hummel, Biene & Co. brauchen

Andreas Segerer, Eva Rosenkranz

Das große Insektensterben

Was es bedeutet und was wir jetzt tun müssen

oekom verlag, München
ca. 208 Seiten, Klappenbroschur, vierfarbig, mit zahlreichen Abbildungen,
20,– Euro
ISBN: 978-3-96238-049-6
Erscheinungstermin: 06.08.2018
Auch als E-Book erhältlich

»Wenn wir einen ›stummen Frühling‹ verhindern wollen, müssen wir jetzt handeln!«

Andreas Segerer

Der Zoologe Andreas Segerer liefert die Hintergründe zum aktuellen Verschwinden der Insekten und zeigt auf, was jetzt passieren muss. Dazu liefert das Buch praxisnahe Tipps und Anregungen – vom insektenfreundlichen Garten bis zum Engagement für ein artenreiches öffentliches Grün.

oekom.de DIE GUTEN SEITEN DER ZUKUNFT

oekom